内蒙古财经大学统计与数学学院学术丛书

我国城镇居民家庭资产组合及消费行为

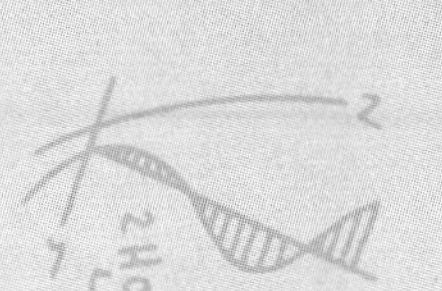

基于医疗支出不确定背景下的研究

ASSET PORTFOLIO AND CONSUMER BEHAVIOR OF URBAN RESIDENTS IN CHINA: A STUDY BASED ON THE UNCERTAINTY OF MEDICAL EXPENDITURE

郭亚帆◎著

本书获内蒙古财经大学学术著作专项资金支持

经济管理出版社
ECONOMY & MANAGEMENT PUBLISHING HOUSE

图书在版编目（CIP）数据

我国城镇居民家庭资产组合及消费行为：基于医疗支出不确定背景下的研究/郭亚帆著. —北京：经济管理出版社，2019. 10
ISBN 978 - 7 - 5096 - 4807 - 0

Ⅰ. ①我… Ⅱ. ①郭… Ⅲ. ①居民—家庭财产—资产管理—研究—中国②居民消费—研究—中国 Ⅳ. ①TS976. 15②F126. 1

中国版本图书馆 CIP 数据核字(2019)第 245236 号

组稿编辑：王光艳
责任编辑：李红贤
责任印制：黄章平
责任校对：赵天宇

出版发行：经济管理出版社
（北京市海淀区北蜂窝 8 号中雅大厦 A 座 11 层 100038）
网　址：www. E - mp. com. cn
电　话：(010) 51915602
印　刷：三河市延风印装有限公司
经　销：新华书店
开　本：720mm × 1000mm/16
印　张：13. 5
字　数：220 千字
版　次：2020 年 5 月第 1 版　　2020 年 5 月第 1 次印刷
书　号：ISBN 978 - 7 - 5096 - 4807 - 0
定　价：68. 00 元

前 言

改革开放40年来，我国经济经历了持续的高速增长，并在庞大的基数基础上迅速成为世界第二大经济体。随着国民经济总量的扩大，支撑经济发展的人力资源、自然资源以及制度安排和经济政策等方面正在发生深刻的变化。2012年以来，由美国次贷危机引发的全球金融危机的外在冲击、我国生产要素投入结构以及三次产业结构和最终需求结构等内在变化，都使得我国经济进入增速逐年下降的“新常态”。居民的消费水平和消费能力是体现人民生活水平的最重要指标，也是党和政府在新常态下重点关注的领域。数据显示，我国经济总量中最终消费支出所占比重在20世纪90年代以后一路下滑。很显然，这与经济体制转轨后的收入分配、税收、住房、医疗、养老、教育等各项改革密切相关，即随着制度变革所带来的不确定性因素的急剧增加，城乡居民的消费行为越来越谨慎，储蓄率呈现持续上升态势。为鼓励和刺激居民的消费需求，中央银行自1996年5月开始连续七次降息，并于1999年起开征利息税。尽管如此，庞大的银行存款也并没有被“挤出来”用于消费。围绕如何扩大我国城乡居民消费的议题，成为越来越多学者关心和研究的领域。

与发达国家相对稳定的社会制度和成熟的市场体制不同，我国经济社会仍处于转型期。经济转轨时期体制改革带来的制度不确定性、国内外经济发展与调控带来的市场不确定性以及经济行为人的有限理性和信息不完全等，都会在很大程度上加剧城乡居民尤其是中低收入群体对未来的不确定性预期，从而增强其预防性储蓄动机。这也是近些年来我国城乡居民消费欲望启而不动的根源所在。由于居民消费占最终消费的70%以上，而居民消费中的70%以上为城镇居民消费；

并且，随着城乡一体化进程的加快，城镇居民对农村居民的消费行为越来越具有示范和带动作用，因此，城镇居民消费水平的提高对于扩大内需具有举足轻重的作用。

本书首先基于确定性和不确定性两个视角对经典消费理论进行了梳理和总结，并将随机游走模型、预防性储蓄理论、流动性约束理论及缓冲储备假说等考虑收入不确定性的消费理论界定为客观不确定性条件下的消费理论；与之相对应，将兴起于20世纪80年代的行为消费理论界定为主观不确定条件下的消费理论。随后通过对我国深化经济体制改革和加快体制转轨进程中的实际国情的分析，思考和总结了经典消费理论对我国居民消费实践的适用性及需要拓展的方面，并在此基础上确定了本书的研究思路。第一，从宏观数据入手，量化分析消费总量、城镇居民消费水平、消费倾向及消费结构的现状；第二，以北京大学社会科学调查中心的CFPS微观数据为基础，详细解读现阶段我国城镇居民医疗支出、医疗负担情况及其对居民家庭资产选择及配置的影响，并对我国东部、中部、西部地区进行对比；第三，基于CFPS微观数据，首先运用离散选择模型和受限被解释变量模型估计我国城镇居民医疗支出的不确定性和收入的不确定性，然后在缓冲储备模型框架内，分别运用最小二乘法和分位数回归分析方法研究医疗支出预期下我国城镇居民的预防性储蓄行为；第四，将以上结果运用行为消费理论中的心理核算账户概念予以解释。通过以上“宏观—微观—心理”三位一体的经验分析框架，在以下几个方面得出了一些重要的结论：

第一，改革开放以来，我国资本形成总额的增长幅度超过最终消费增长幅度；货物和服务净出口对GDP的贡献率在0上下波动，而最终消费和资本形成总额对GDP贡献率的趋势总体上相反，前者波动下降且波动幅度较小，后者波动上升但波动幅度较大；最终消费率及居民消费率总体上呈下降趋势，特别是进入2000年之后，下降趋势更加明显。与世界主要国家及地区相比，近年来，我国的居民消费率不仅远低于美国、英国、日本、德国、韩国、中国香港、欧元区等发达国家和地区，也远低于印度和巴西等发展中大国。

第二，城镇居民的平均消费倾向和边际消费倾向呈现显著的逐年递减趋势。城镇居民消费结构方面，食品消费支出比重（即恩格尔系数）和衣着支出比重呈逐年下降趋势；医疗保健消费支出比重、文化娱乐教育支出比重、交通通信支

出比重以及居住消费支出比重总体上呈上升趋势；家庭设备用品及服务消费支出比重呈现先上升后下降的变化趋势。

第三，CFPS 微观数据显示，在 2010～2014 年，城镇居民家庭医疗支出负担呈逐年下降趋势，与宏观数据得出的结论一致。分地区而言，东部地区的医疗支出虽然在绝对数上最大，但医疗负担相对来说却最低，且下降幅度最大；而中部地区城镇居民的医疗负担最大，下降幅度也最小；西部地区的医疗负担及下降幅度居中。这表明医疗负担的大小与经济发展水平存在负相关关系。因此可以认为，全民医保政策受益较大的是东部相对发达地区的居民，而广大中西部城镇居民的医疗负担状况依然很严峻。

第四，我国城镇居民家庭在医疗负担增加时，会选择降低流动性较强的金融资产的持有以缓解医疗支出带来的冲击；相反，当医疗负担下降时，居民会更倾向于选择这一类资产以防不测；西部地区的储蓄或消费水平，受医疗负担的影响最为显著，是我国医改需要重点关注的区域。

第五，医疗支出不确定性对资产—工资比的影响均远大于收入不确定性的影响；越是不发达地区，积累意愿越强；居民对未来的不确定性预期随着年龄的增加而增加，从而导致其积累意愿加强，消费能力下降。受教育程度越高，积累意愿越弱，消费意愿越强。分位数回归结果表明，越是中低收入群体，其积累意愿对家庭收入的不确定性越发敏感。

第六，无论是从财富存储的角度，还是从消费的角度，我国城镇居民家庭均设立不同的心理账户，并且被贴上了不同的功能标签。城镇居民对医疗支出的不确定性预期增加时，会使得金字塔型的资产组合中，安全保障型资产所处的“底部”增厚。这部分资产首先被安排在当前可支配收入账户和当前资产账户中，由于未来账户在不确定预期下会“缩水”，消费者为了维持各账户之间的平衡，会将可支配收入以及当前资产账户的部分财富转移至未来账户以填补空缺。而理论和实证检验结果表明，基于当前可支配收入的边际消费倾向显著大于基于当前资产账户以及未来收入账户的边际消费倾向，因此，在不确定性预期下，将资产由当前可支配收入账户转移至资产账户以及未来账户，必然意味着总体上城镇居民边际消费倾向的下降。

基于以上基本结论，本书从降低城镇居民医疗支出不确定性、稳定收入预期以及加大教育投资等其他宏观政策方面给出相应的对策建议。

本书是基于作者的博士学位论文《医疗支出预期、缓冲储备与我国城镇居民消费行为研究》（天津财经大学，2018 年）的研究。作者感谢本人博士生导师曹景林教授的悉心指导；感谢内蒙古财经大学专著出版基金对本书的出版资助；最后感谢出版社的辛苦工作。

由于本人学识有限，书中势必有不少错误及疏漏，恳请国内外相关专家和学者给予批评指正。

目　录

第一章
绪　论

第一节　研究背景及意义

改革开放40年来，我国经济经历了持续的高速增长，并在庞大的基数基础上成为世界第二大经济体。随着国民经济总量的增加，支撑经济发展的人力资源、自然资源以及制度安排和经济政策等方面正在发生深刻的变化。2012年以来，由美国次贷危机引发的全球金融危机的外在冲击，以及我国生产要素投入结构、三次产业结构、最终需求结构的内在变化等，都使得我国经济增速呈现逐年下降的态势，这显示中国经济进入增速趋缓和结构转型的“新常态”。

2015年，中央经济工作会议首次对“新常态”进行了全面系统的界定。会议从九个方面总结了“新常态”下中国经济的特征。这九个方面可以进一步归纳为总需求、总供给以及党和政府对经济工作的领导三大领域，其中，前两个领域主要涉及居民和企业的市场化行为，第三个领域涉及政府和市场之间的关系。从总需求来看，金融危机之后我国总需求面临很大的结构调整压力，扩大内需成为经济平稳增长的重要保障。而供给侧改革是在现有供给结构满足不了总需求结构变化的基础上提出的。习近平总书记指出，我国现阶段的主要矛盾是人民日益增长的美好生活需要和不平衡不充分的发展之间的矛盾，这凸显了总需求结构的变化。

透过庞大的经济总量表象，各种结构上的“错配”是新常态下要啃的硬骨头，总需求结构包括拉动经济增长的投资、消费与进出口所谓“三驾马车”之间的协调性。改革开放以来，我国最终消费率整体上呈下降趋势（如图1－1所示）。1983年最高，为66.8%，随后一路下滑至1993年的57.9%。随着1992年市场经济体制的逐步建立和完善，市场在资源配置中逐渐起主导作用，居民积压已久的消费意愿得到显著的释放，最终消费率开始上升，至2000年上升至63.3%。然而，受1998年国际金融危机以及国内国有企业改革、医疗、住房、教育等一系列制度变革的影响，居民面临的不确定性因素迅速增加，从而导致最终消费率从2001年开始，呈现大幅度下降的趋势，直至2010年的48.45%。从2011年开始，受各种扩大内需宏观调控政策的影响，消费率开始逐步反弹，到2016年达到53.62%。

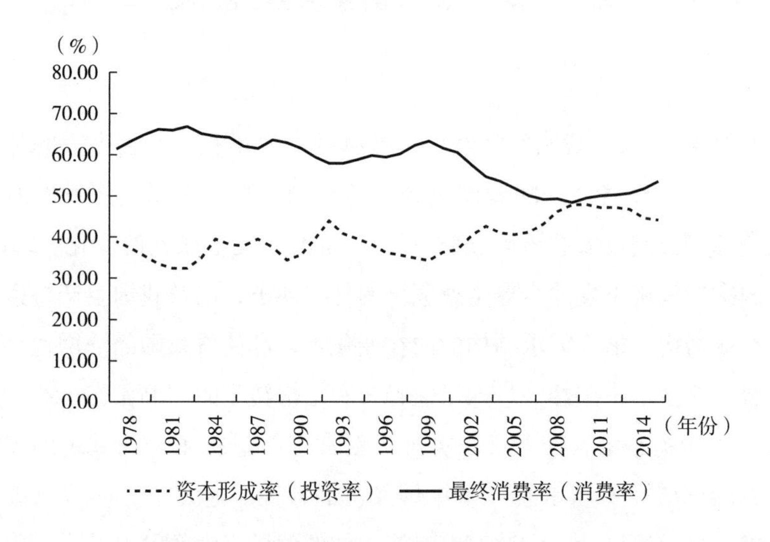

图1－1　改革开放以来我国储蓄率与消费率

数据来源：Wind资讯。

与此同时，投资率总体上呈现出逐步走高的趋势，投资驱动烙印明显。投资率由1979年的38.9%攀升至2011年的48%，随后随着消费率的反弹而缓慢下降，2013年为47.3%，2016年进一步下降至44.2%。然而，与世界平均投资率

相比，我国仍然属于高投资型经济增长模式。近年来，美国、日本、新西兰等发达国家投资率大体保持在15%～25%；消费率则高达50%～70%。

高投资率驱动下的经济增长必然伴随着产能过剩、资源浪费和环境污染；低消费率表明经济增长的成果没有为广大居民所享受。在全国各地区经济经历了数年高速增长之后，逐步进入新常态已是必然趋势。经济新常态下经济社会发展的若干方面都有新的内涵，其中，经济发展的动力由要素驱动、投资驱动逐步转变为创新驱动；对于居民消费而言，模仿型、排浪式消费阶段基本结束，个性化、多样化消费渐成主流。由以上数据可知，我国在消费意义上从2011年开始步入“新常态”，同时也就意味着要积极主动地备战新常态下的各种结构调整。

居民消费水平和消费能力是最能体现人民生活水平的重要指标，也是党和政府在新常态下重点关注的领域。国内外有关居民消费问题的研究不胜枚举，其中，主流的研究是用各个国家或地区的数据和实践验证各消费理论的适用性。前文数据显示，我国经济总量中最终消费所占比重在20世纪90年代以后一路下滑。很明显，这与经济体制转轨后的收入分配、税收、住房、医疗、养老、教育等各项改革密切相关。随着制度变革所带来的不确定性因素的急剧增加，城乡居民的消费行为越来越谨慎，从而储蓄率呈现持续上升态势。为鼓励和刺激居民消费需求，中央银行自1996年5月开始连续七次降息，并于1999年开征利息税。尽管如此，庞大的银行存款余额也并没有被“挤出来”用于消费。因此，围绕如何扩大我国城乡居民消费的议题，成为越来越多学者关心和研究的领域。数据表明，我国最终消费中70%以上来自居民消费，而居民消费中的70%以上为城镇居民消费。同时，随着我国城乡一体化进程的加快，城镇居民对农村居民的消费行为越来越具有示范和带动作用，因此，城镇居民消费水平的提高对于扩大内需具有举足轻重的作用。

与发达国家相对稳定的社会制度和成熟的市场体制不同，我国经济社会仍处于加快结构调整和体制转型期。经济转轨时期体制改革带来的制度不确定性、国内外经济发展与调控所产生的市场不确定性以及经济行为人的有限理性和信息不完全等因素，都会在很大程度上加剧城乡居民，尤其是中低收入群体对未来的不确定性预期，进而增强居民的预防性储蓄，削弱其消费信心，这也是近年来我国城乡居民消费欲望启而不动的根源所在。因此研究我国城乡居民的消费问题，必须将其置于不确定性的消费理论框架内进行。

综合以上分析，本书将研究对象锁定为我国城镇居民，研究的核心内容为不确定性背景下城镇居民的预防性储蓄行为。但在不确定性来源方面，重点关注医疗支出的不确定性，即在医疗支出不确定性背景下，基于缓冲储备模型理论研究我国城镇居民的预防性储蓄动机，并将结果置于行为经济学框架内，运用心理核算账户的概念予以解释。同时，对于医疗支出不确定性的产生背景、我国医疗体制改革之路、现阶段城镇居民医疗支出及医疗负担情况以及医疗支出对居民家庭资产选择和资产配置的影响也将有详细的讨论。本书是在前人研究成果的基础上“精化”和“深化”，预期成果不仅能够丰富制度不确定性条件下的缓冲储备理论，对于如何缓解我国城镇居民医疗支出不确定性，降低预防性储蓄动机，进而释放城镇居民消费需求，也具有重要的实践意义。

第二节　研究思路、研究内容及研究方法

一、研究思路

本书基于我国当前消费需求特别是居民消费需求不足的现实背景，通过对居民消费理论的回顾和总结以及对相关经验研究的综述，确定了本书的研究对象为城镇居民消费问题，核心假设是医疗支出不确定性是导致我国城镇居民消费需求不足的一个重要因素。在此基础上，构建一个“宏观数据发现问题—微观数据挖掘信息—心理层面解释”三位一体的经验分析框架。首先通过对改革开放以来我国宏观经济总量中最终消费尤其是居民消费支出所占比重及国际比较、最终消费与资本形成总额对宏观经济总量的贡献与拉动的对比、城镇居民平均消费倾向和边际消费倾向以及消费结构等相关宏观统计数据的解读，揭示我国消费需求特别是居民消费需求不足的宏观现状；其次，利用北京大学中国社会科学调查中心的CFPS（China Family Penal Studies，中国家庭追踪调查）微观数据，分析近年来

我国城镇居民医疗支出、医疗负担以及家庭资产选择及配置情况，并利用 Probit 和 Logit 模型研究医疗负担对城镇居民家庭资产选择及配置的影响；再次，基于缓冲储备理论框架，实证检验医疗支出不确定条件下我国城镇居民消费的预防性储蓄动机；最后，缓冲储备模型中的不耐心程度和谨慎动机，事实上是消费者的两种心理状态，因此，本书将以上实证检验结论置于行为经济学框架内，运用心理核算账户的概念予以解释。

二、研究框架及内容

依据上述研究思路，绘制本书的研究框架，如图 1－2 所示。

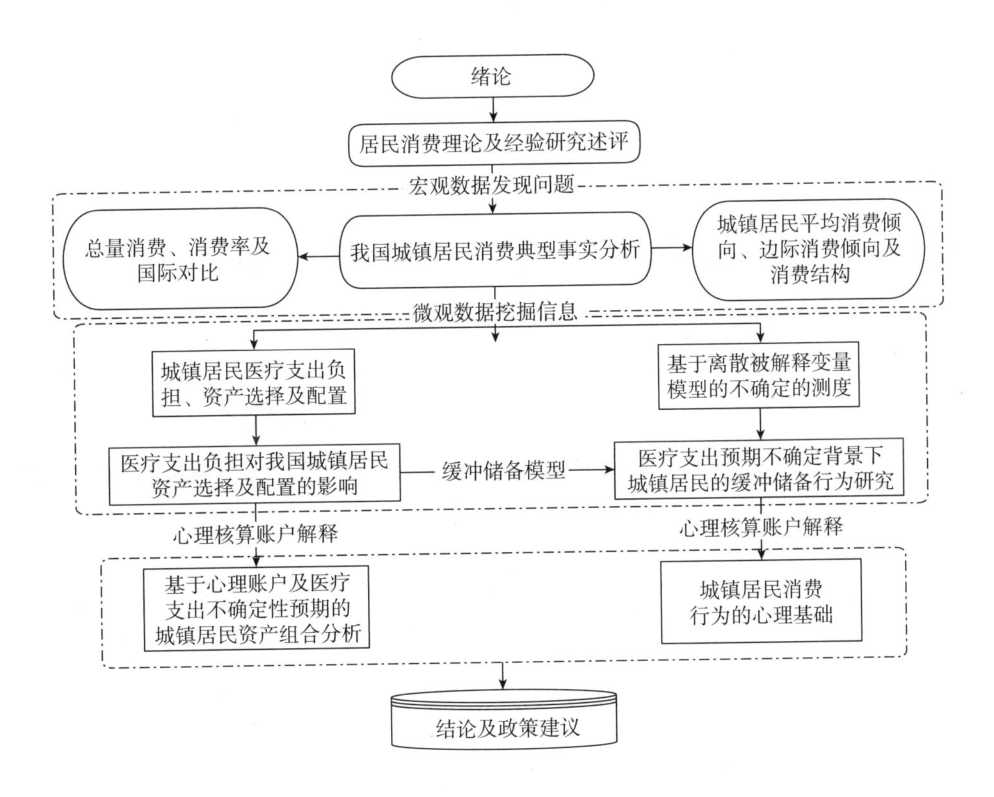

图 1－2　本书研究框架图

图 1－2 也勾勒出本书的研究内容为基于当前我国内需不足，特别是居民消

费需求没有得到有效释放的背景下，在缓冲储备理论框架内研究医疗支出的不确定性对我国城镇居民消费行为的影响。具体包括以下内容：

1. 绪论

绪论包括选题背景及意义、研究思路及方法以及可能的创新与不足。

2. 居民消费理论及研究述评

本部分主要从确定性、客观不确定性以及主观不确定性三个角度对经典消费理论进行了系统梳理和总结，最后给出对本书研究的启示。

3. 宏观数据

从宏观数据入手，从总量消费、城镇居民人均消费、平均消费倾向、边际消费倾向及消费结构等方面进行统计描述。

4. 用微观数据解读城镇居民医疗与资产配置

以北京大学社会科学调查中心的 CFPS 微观数据为基础，详细解读现阶段我国城镇居民医疗支出、医疗负担情况及其对居民家庭资产选择及配置的影响，并对我国东部、中部、西部地区进行对比，最后，借助心理核算账户的概念对城镇居民资产组合情况进行解释。

5. 用微观数据分析城镇居民医疗支出不确定性下的储备行为

基于 CFPS 微观数据，首先，运用离散选择模型和受限被解释变量模型估计了我国城镇居民的医疗支出不确定性和收入不确定性；其次，在缓冲储备模型框架内，分别运用最小二乘法和分位数回归分析方法研究医疗支出预期下我城镇居民的预防性储蓄行为；最后，仍然运用心理核算账户的概念对城镇居民的预防性储蓄行为进行解释。

6. 结论

全书结论以及缓解居民医疗负担、降低居民收入不确定性等释放居民消费潜力的对策及建议。

三、研究方法

本书研究医疗支出不确定性对我国城镇居民消费行为的影响，研究领域触及经济学理论、计量经济学、制度经济学、行为经济学、消费经济学等多学科领域，研究的内容涉及经济、社会、制度、政策、心理等社会科学方面，是一个综合性和系统性极强的研究课题。为确保研究结果的科学性和严谨性，本书采用了多种研究方法，具体包括以下几点内容：

1. 文献分析法

消费理论自凯恩斯绝对收入假说开始，先后经历了由确定性到不确定性、由简单到复杂、由抽象到具体的演进路径，既体现了人们对居民消费问题认识层面上的逐步深化，同时也说明很难有一种消费理论能够完美描述所有类型和全部历史阶段消费问题的复杂性。正是由于消费问题所固有的鲜明的时代特征以及个体、地区或国家间的差异性，才激发了世界各国大批学者的研究兴趣。有关居民消费问题的经验事实研究不仅是对理论在实际问题中适用性的检验和验证，同时也是促使其不断逼近现实的重要助推器。对经典消费理论及其经验研究的梳理，可以为本书在浩瀚的科学海洋中寻找可供研究的支点。

2. 定性分析与定量分析相结合

本书在定性描述20世纪90年代以来，我国经济体制转轨过程中城镇居民的主要不确定性因素和感受的同时，运用翔实、准确的宏观统计数据对居民消费率、城镇居民人均消费及消费结构进行了统计描述；同时，也运用CFPS微观数据从家庭层面描述了近年来我国城镇居民的消费及资产选择和分配特征。用数据说话是本书的主要特色。

3. 实证分析与规范分析相结合

在宏观、微观两个层面明确了我国城镇居民的消费特征及资产选择和配置的基础上，以我国城镇居民为研究对象，通过构建Probit、Tobit、最小二乘回归、分位数回归等计量模型，实证检验医疗负担对城镇居民家庭资产选择和配置的影响以及医疗支出不确定性对居民资产—永久收入比率的影响，得出了我国城镇居民预防性储蓄动机的存在性结论以及具体的模式，所得结论科学、可靠。同时，在实证分析结论的基础上，进一步采用了规范分析法，对所得结论进行了分析、归纳并寻找根源，最终提出相应的对策建议。

4. 对比分析法

在定量描述部分，对居民消费中的七大类消费结果进行了横向和纵向对比；在实证分析部分，考虑居民生活水平的地区差异及时间上的变化，分别在东部、中部、西部地区以及不同年份构建模型进行研究；同时，分位数回归结果与最小二乘法回归结果对比、去除离群值样本与全样本估计结果对比等都使得分析结论更加全面、具体、科学、可靠，为提出更为合理的政策建议奠定基础。

5. 行为心理分析法

运用行为心理学领域的心理核算账户概念对我国城镇居民资产组合以及预防性储蓄行为予以解释，完成“宏观—微观—心理”三位一体的经验研究。

纵观全文，本书在研究方法上主要以实证分析为主、规范分析为辅；现实背景分析中将定性分析与定量分析将结合；而对比分析使得研究内容更加科学和具体。

第二章 居民消费理论与经验研究述评

消费问题既是一个宏观范畴，也是一个微观范畴。在宏观意义下，消费是一个国家或地区经济总量的重要支撑，是体现一国或地区经济活力以及居民生活水平高低的重要指示器；在微观意义下，消费反映了每一个消费者个体吃、穿、住、用、学、医、行等日常行为的结果。正因为如此，从20世纪30年代开始，消费问题逐渐被世界各国学者关注和研究，并产生了一系列为后人所津津乐道的消费理论。这些理论为研究者研究居民消费问题提供了理论指导和框架基础，无论是从宏观还是从微观视角，对消费问题的研究都不能离开经典消费理论而单独进行。纵观全部消费理论，大致可以分为三种类型：完全预期下即确定性消费理论、对客观环境不完全预期即客观不确定性消费理论以及来自消费者自身的主观不确定性消费理论。这三种消费理论也代表了研究者对消费问题认识的三个阶段，以下分别予以综述，最后给出经典消费理论对本书研究的启示。

第一节 确定性消费理论

一、绝对收入假说

凯恩斯（Keynes，1936）[①] 提出的绝对收入假说（Absolute Income Hypothe-

---

① KEYNES J. The General Theory of Employment, Interest, and Money [M]. Harcourtarce, 1936.

sis，AIH）从总量层次给出了消费与收入的关系，开创了居民消费理论和经验研究的先河。该假说认为，社会总消费是以下三个方面共同作用的结果：第一，社会总收入；第二，其他客观环境；第三，社会成员的主观需求、心理偏好和习惯以及成员之间的收入分配。

凯恩斯认为，“在既定的条件下，如果抛开收入的变化，那么消费倾向这个函数是非常稳定的”。也就意味着，凯恩斯将收入作为影响消费的唯一主要因素，而利率和其他客观因素的变化所产生的短期影响只起次要的作用。因此，消费的短期变化主要取决于收入的多少。绝对收入假说可用如下函数近似表示：

$$C_t = \beta_0 + \beta_1 Y_t \tag{2.1}$$

该假说同时也指出，长期来讲，实际收入增减的同时，消费量也会同方向变化，但是，消费的变化幅度要小于收入的变化幅度，即可以表示为 ΔC_t 与 ΔY_t 符号相同，且 $\Delta C_t < \Delta Y_t$，因此，边际消费倾向：

$$\beta = \frac{dC_t}{dY_t} = \frac{\Delta C_t}{\Delta Y_t} \in (0,\ 1) \tag{2.2}$$

这是凯恩斯得出的另一个重要结论，即边际消费倾向递减规律。对式（2.1）两边同时除以 Y_t，可得

$$APC = \frac{C_t}{Y_t} = \frac{\beta_0}{Y_t} + \beta_1 \tag{2.3}$$

可见，随着收入 Y_t 的增加，由于$\frac{\beta_0}{Y_t}$和 β_1 均趋于下降，则平均消费倾向 APC 也下降，且有 $APC > \beta_1$。

凯恩斯的重要贡献是在对消费的研究中首次引入了收入，此后对于二者的关系一直是消费领域研究的主线，不同消费理论之间的区别仅在于面临不同的预算约束时，消费者所采取的对应决策行为。凯恩斯的消费函数尽管形式非常简单，却不妨碍其成为消费函数研究的鼻祖。该理论能够很好地解释以有效需求不足为特征的大萧条，但基于研究数据的不足而缺乏实证检验。然而库兹涅兹（Kuznets，1942）[①] 通过对美国 1869～1938 年国民收入与消费的研究发现，随着

① KUZNETS S. Uses of National Income in Peace and War [M]. National Bureau of Economic Research, 1942.

美国国民收入的增加，平均消费倾向并没有出现凯恩斯所认为的递减趋势，而是始终保持一个固定值，即所谓的“库兹涅兹悖论”。这一研究使得绝对收入假说遭遇了巨大的质疑和挑战，从而也铸就了经验研究成为推动理论变革强大动力的历史基础。凯恩斯将收入作为影响消费的唯一主要因素，且没有涉及跨期消费决策，也没有考虑消费者的效用最大化问题，是其在实际应用中受阻的重要原因。

二、相对收入假说

杜森贝里（Duesenberry，1948，1949）① 指出，凯恩斯的绝对收入假说暗含两个错误假设：消费者消费行为的独立性和消费的完全可逆性。杜森贝里认为，消费者的消费并不取决于当期收入水平，而是取决于与周围其他消费者相比的相对收入水平。当消费者的收入与周围消费者的收入相比不变时，其收入中用于消费的比例就不会发生变化；而当该消费者收入未变，随着周围消费者收入和消费水平的增加，该消费者会在周围消费者的“示范作用”下，提高其自身消费水平和消费倾向，即消费者的消费行为互相不独立。因此，收入分配状况会影响消费行为。同时，消费还取决于消费者过去的收入和消费水平，尤其是过去处在最高点时。消费者在高收入水平下会增加消费，但当收入下降后却未必会降低消费，而是尽可能降低储蓄，努力维持原来较高的消费水平，即消费者主观上不允许自己的实际生活水平低于过去的最高水平，这也意味着消费是不可逆的。杜森贝里称以上两个命题分别为“示范效应”（Demonstration Effect）和“棘轮效应”（Ratcheting Effect），该理论被称为相对收入假说（Relative Income Hypothesis，RIH）。

其“示范效应”公式可表示为：

$$C_{i,t}=\beta_0+\beta_1 Y_{i,t}+\beta_1 \bar{Y}_t \tag{2.4}$$

$\bar{Y}_t$ 为 t 期全社会消费者的平均收入水平，即 $\bar{Y}_t=\frac{\sum_{i=1}^{n} Y_{i,t}}{n}$。

① DUESENBERRY J S. Income, Saving and the Theory of Consumer Behavior [M]. Cambridge Mass: Harvard University Press, 1949.

“棘轮效应”可由如下函数近似表示：

$$C_{i,t} = \beta_0 + \beta_1 Y_{i,t} + \beta_1 Y_{max} \tag{2.5}$$

Y_{max}为过去的最高收入，假定消费者收入水平以固定增速 g 增加，即 $Y_t = (1+g)Y_{t-1}$，因此，也就有 $Y_{max} = Y_{t-1}$，则式(2.5)可进一步表示为：

$$C_{i,t} = \beta_0 + \beta_1 Y_{i,t} + \beta_1 Y_{i,t-1} \tag{2.6}$$

虽然绝对收入假说和相对收入假说在影响消费的因素方面阐述不同，但其共同特点是只反映即期消费，没有考虑跨期预算约束，消费行为存在短视特征；而且忽略了除收入之外所有影响消费的因素，对实际问题的解释能力受到限制。

三、生命周期假说

莫迪里安尼和布伦伯格（Modigliani & Brumberg，1954）[①] 提出了生命周期假说（Life Cycle Hypothesis，LCH），其假设前提：第一，消费者完全理性，可以准确预见其一生收入的具体变化情况；第二，无遗赠动机，消费者一生的收入要全部消费掉；第三，无流动性约束，消费者可以以任何理由、任何利率自由借贷。在此基础上，莫迪里安尼将人的生命期分为三个阶段：少年、中年和老年时期。在少年时期，尽管可支配收入很低，但是个体预计将来的可支配收入会增加，因此，可能会借贷消费，进而平均消费倾向很高；中年时期有着较高的可支配收入，此阶段的收入除了用于自身消费以及偿还少年时的欠债之外，还要为将来收入下降而努力储蓄，因此，这一阶段储蓄倾向会很高；在老年时期，随着可支配收入的下降，个体会动用之前的储蓄进行消费，因而平均消费倾向也较高。可见，在生命周期假说框架内，具有“前瞻性”的消费者可以通过借贷和储蓄来平滑其一生的消费，满足各时期消费支出流量的现值之和等于各时期期望收入流量的现值之和的跨期预算约束，从而使其一生的效用总和最大化，其理论分析框架如下：

---

① MODIGLIANI F, BRUMBER R. Utility Analysis and the Consumption Function: An Interpretation of Cross - section Data [A] . In: Kurihara K. Post - Keynesian Economics [C] . New Brunswick N J: Rutger University Press, 1954: 388 - 436.

$$\max \sum_{t=1}^{T} u(c_t), t = 1, \cdots, T$$

$$s.t. \sum_{t=1}^{T} \frac{C_t}{(1+r)^t} = \sum_{t=1}^{T} \frac{Y_t}{(1+r)^t} \tag{2.7}$$

式中，r 为贴现率，$u(c_t)$ 为消费者在 t 期的效用函数。由此可见，生命周期假说假定个人现期消费或储蓄取决于个人现期收入、预期收入及个人年龄大小。

四、持久收入假说

弗里德曼（Friedman，1957）① 提出了持久收入假说（Permanent Income Hypothesis，PIH），将可支配收入分为持久收入和暂时收入，公式如下：

$$Y = Y^t + Y^p \tag{2.8}$$

式中，Y 表示可支配收入，Y^t 表示暂时性收入，Y^p 表示持久性收入。

持久性收入是指消费者可支配收入中可预期的、能够持续获得且收入流比较稳定的部分（如劳动收入、房租、利息等），消费者任意一期的持久收入，等于其可预见终生收入现值的平均数；暂时性收入则是由于各种原因而偏离持久性收入的暂时性、非连续性部分，包括正的收入（如接受的捐赠、意外获奖等）和负的收入（如被盗等）。消费者的即期可支配收入在其一生中可能会有很大变动，但预期的持久收入则是相对稳定的，因此，长期来看，可支配收入会围绕持久收入上下波动。

弗里德曼同时将消费也分为持久消费和暂时消费，即 $C = C^t + C^p$，并认为持久消费由持久性收入决定，与暂时性收入无关；而暂时性消费则由暂时性收入决定。弗里德曼用持续若干年可支配收入的加权平均数代表持久收入对美国的数据进行了研究，结果表明由持久性收入的变动引致的消费变动比较稳定，且边际消费倾向非常大，几乎为1；而由暂时性收入变动引发的边际消费倾向则几乎为0。这在一定程度上否定了凯恩斯边际消费倾向下降的假说，与库兹涅兹（1942）

① FRIEDMAN M. A Theory of the Consumption Function [M]. Princeton: Princeton University Press, 1957.

"消费之谜"的结论一致。

生命周期假说和持久收入假说是对包括绝对收入假说和相对收入假说的即期消费理论的重要拓展，曾经一度在主流经济学界产生了重要的影响。二者本质上是一致的，即消费者从更长时间内，甚至是整个生命期内安排其消费和储蓄，以求得一生效用的最大化。但二者侧重点有所区别，具体表现：首先，持久收入假说假定人的生命期是无限的；而生命周期假说则假定是有限的。其次，持久收入假说暗含行为人有遗赠动机，甚至认为储蓄根本上是为了遗赠；而生命周期假说的假设前提是个人要将其所有禀赋在一生中全部消费掉，无遗赠动机。而全社会角度的储蓄之所以出现，是因为有工作的中年人数量大于没有工作的少年以及已经退休的老年人数量之和，因此，储蓄与全社会的人口年龄结构有直接关系。再次，在生命周期模型中，仅体现了储蓄的生命周期动机，但却忽略了其他动机，包括一系列不确定因素；持久收入假说虽然充分考虑了预期收入下降是消费者积累资产的重要原因，也强调了代际间的遗产动机，但是，由于弗里德曼更专注于永久收入和暂时收入的区分以及永久收入的测度及估算问题，所以与凯恩斯绝对收入假说类似，不确定性因素并未真正纳入其理论模型。

五、习惯形成理论

习惯形成理论（Habit Formation Theory，HFT）是相对收入假说的衍生理论。对应于杜森贝里提出的"棘轮效应"和"示范效应"，习惯形成理论将前者称为内部习惯形成，将后者称为外部习惯形成。

习惯形成是一个存量概念，表明了截至某一时点所达到的消费习惯存量的主观感受。考虑习惯存量后，消费者的效用函数可表示为 $u(c_{it}, h_{it})$，其中，c_{it} 为消费者 i 在 t 时刻的消费水平，h_{it} 为消费者 i 在 t 时刻所形成的消费习惯存量，即消费者的效用由当期消费和习惯存量共同决定，且有 $\frac{\partial u}{\partial c}>0$，$\frac{\partial u}{\partial h}<0$，也即效用水平随着当前消费水平的提高而提高，随着习惯存量的降低而增加。前者的含义是显而易见的，对后者的理解是习惯存量水平越低，表明过去的消费水平较低，那么消费者在本期越容易感受生活水平的提高，因此，效用水平也越高。

加入习惯形成后，消费者消费的目的仍然是使其一生的效用最大化，其目标函数如下：

$$\max \int_0^{\infty} u(c_{it}, h_{it}) e^{-\delta t} \tag{2.9}$$

式中，δ 为时间偏好。

为求解最优消费，奈克和穆尔（Naik & Moore，1996）① 定义消费者 i 的即期效用函数如下：

$$u(c_{it},\ h_{it}) = \frac{(c_{it} - h_{it})^{r_i}}{r_i},\ 0 \leqslant r_i \leqslant 1 \tag{2.10}$$

式中，r_i 为风险厌恶系数。可见，消费者具有正效用的条件是当前消费水平 c_{it} 大于习惯存量 h_{it}，即消费者不允许生活水平降低，否则，就会出现负效用。

奈克和穆尔（1996）定义 h_{it} 如下：

$$h_{it} = h_{i0} e^{-a_i t} + b_i \int_0^t e^{a_i(k-t)} c_{ik} dk \tag{2.11}$$

式中，h_{i0} 为消费者 i 的初始习惯形成，$a_i \geqslant 0$，$b_i \geqslant 0$ 为消费者个体固定常数，a_i 越大，表明远期消费的权重越小。式（2.11）表明，习惯形成存量是消费者自身若干滞后期消费水平的加权和，称为内部习惯形成函数。给定消费和投资策略以及确切的规制条件，康斯坦尼兹（Constantinides，1990）② 证明式（2.9）存在以下唯一最优消费策略：

$$c_{it}^* = h_{it} + \gamma_i \left(W_{it} - \frac{h_{it}}{r_i + a_i - b_i} \right) \tag{2.12}$$

在式（2.12）中，γ_i 是消费者 i 的无风险资产回报率、个人贴现率、股市回报率及其方差的一个函数，W_{it} 代表消费者财富。由于 h_{it} 的计算太过复杂，奈克和穆尔（1996）提出如下较为简单的形式：

$$h_{it} = \alpha_{i0} + \alpha_{i1} c_{i,t-1} \tag{2.13}$$

将式（2.13）代入式（2.12）：

---

① NAIK N Y, MOORE M J. Habit Formation and Inter – Temporal Substitution in Individual Food Consumption ［J］. Review of Economics and Statistics, 1996, 78 (2): 321 – 328.

② CONSTANTINIDES G M. Habit Formation: A Resolution of the Equity Premimu Puzzle ［J］. The Journal of Political Economy, 1990, 98 (3): 519 – 543.

$$c_{it}^{*} = \beta_{i0} + \beta_{i1} W_{it} + \beta_{i2} c_{i,t-1} + \varepsilon_{it} \tag{2.14}$$

式中，$\beta_{i0} = \alpha_{i0}$ $(1 - \varphi_i)$，$\beta_{i1} = \gamma_i$，$\beta_{i2} = \alpha_{i1}$ $(1 - \varphi_i)$，$\varphi_i = 1 - \frac{\gamma_i}{r_i + a_i - b_i}$。

式（2.14）即为用于研究消费内部习惯形成的计量模型，为了体现外部习惯形成特征，通常在模型中加入周围其他消费者群体的消费变量。

20世纪90年代以后，消费习惯形成理论逐渐被研究者认可和重视，并产生了大量的研究成果。海伦和杜伦（Heien & Durham，1991）① 的研究发现，利用时间序列数据和截面数据研究同一系统的消费习惯形成，结果习惯形成成分在截面数据中较小。奈克和穆尔（1996）的研究表明，美国居民存在消费习惯形成。坎贝尔和卡克瑞尼（Campbell & Cochrane，1999）② 认为，由于存在习惯因素，消费对持久收入变动的冲击调整比较缓慢，从而使消费呈现出过度平滑的特征。卡罗尔等（Carroll，et al.，2000）③ 认为，习惯形成的影响越大，消费者越倾向于储蓄。戴南（Dynan，2000）④ 利用微观面板数据模型研究发现，收入不确定性和滞后一期消费对当期消费具有重要的影响。

国内有关消费习惯形成的研究开始于2000年以后。龙志和等（2002）⑤ 对家计调查中家庭食品消费面板数据的研究表明，城镇居民在食品消费上具有显著的内部习惯形成。齐福全等（2007）⑥ 研究了北京市农村居民消费行为的习惯形成特征，结果表明，北京市农村居民人均生活消费总支出、食品支出和衣着支出存在习惯形成，但居住支出不存在习惯形成特征。艾春荣等（2008）⑦ 的研究表

---

① HEIEN D，DURHAM C A. Test of the Habit Formation Hypothesis Using Household Data［J］. Review of Economics and Statistics，1991，73（2）：189－199.

② CAMPBELL J Y，COCHRANE J H. By Force of Habit：A Consumption－Based Explanation of Aggregate Stock Market Behavior［J］. Journal of Political Economy，1999，107（2）：205－251.

③ CARROLL C，OVERLAND J，WEILD N W. Saving and Growth with Habit Formation［J］. American Economic Review，2000，90（3）：341－355.

④ DYNAN K E. Habit Formation in Consumer Preferences：Evidence from Panel Data［J］. American Economic Review，2000，90：391－406.

⑤ 龙志和，王晓辉，孙艳. 中国城镇居民消费习惯形成实证分析［J］. 经济科学，2002（6）：29－35.

⑥ 齐福全，王志伟. 北京市农村居民消费习惯实证分析［J］. 中国农村经济，2007（7）：53－59.

⑦ 艾春荣，汪伟. 习惯偏好下的中国居民消费的过度敏感性——基于1995～2005年省际动态面板数据的分析［J］. 数量经济技术经济研究，2008（11）：98－114.

明，对于非耐用消费品支出，农村居民表现出一定的习惯形成，但城镇居民的消费习惯形成几乎不存在；杭斌和郭香俊（2009）① 通过构建面板数据模型研究发现，消费的惯性越强，消费者就越谨慎，即我国城镇居民的高储蓄现象与习惯形成有关。周建等（2009）② 的研究表明城镇居民对农村居民消费行为存在显著的“示范性”影响作用。闫新华等（2010）③ 研究结论是中国农村居民的各项消费支出都表现出显著的内部习惯形成特征；城镇居民的消费示范效应集中体现在交通通信、教育文化娱乐服务及医疗保健等支出方面。贾男等（2011）④ 认为“习惯形成”可以从一定程度上解释近年来中国城镇居民消费不振及高储蓄的现象；杭斌等（2013）⑤ 认为我国城镇居民消费的内外部习惯形成参数均大于0，对城镇居民消费倾向的降低有着很大的贡献。曹景林和郭亚帆（2013）⑥ 借助于空间计量经济学工具研究了城镇化背景下，我国城镇居民对农村居民的外部示范效应以及地区间农村居民的内部示范效应，研究结论表明，以上内、外部示范效应均显著；在时间上，内部示范效应在减弱，外部示范效应在增强。郭亚帆和曹景林（2015）⑦ 进一步将范围分为高收入、中等收入和低收入地区，分别研究以上内、外部示范效应，结果发现，各区域农村居民消费的内部示范效应均显著；高收入地区的内、外部示范效应均最大；低收入地区的内部示范效应最小，外部示范效应不显著。黄娅娜和宗庆庆（2014）⑧ 在戴南（2000）模型的基础上加入了不确定性因素，表明我国城镇居民的食品消费存在显著的习惯形成效应。陈凯（2015）⑨ 认为，消费的习惯形成降低了可支配收入以及财富的边际消费倾向，

---

① 杭斌，郭香俊．基于习惯形成的预防性储蓄——中国城镇居民消费行为的实证分析［J］．统计研究，2009（2）：38－43.

② 周建，杨秀祯．我国农村消费行为变迁及城乡联动机制研究［J］．经济研究，2009（1）：83－95＋105.

③ 闫新华，杭斌．内、外部习惯形成及居民消费结构——基于中国农村居民的实证研究［J］．统计研究，2010（5）：32－40.

④ 贾男，张亮亮．城镇居民消费的“习惯形成”效应［J］．统计研究，2011（8）：43－48.

⑤ 杭斌，闫新华．经济快速增长时期的居民消费行为——基于习惯形成的实证分析［J］．经济学（季刊），2013（4）：1191－1208.

⑥ 曹景林，郭亚帆．我国农村居民消费行为的外部习惯形成特征——基于城镇化背景下的空间面板数据模型研究［J］．现代财经，2013（11）：73－82.

⑦ 郭亚帆，曹景林．农村居民消费内外部示范效应研究［J］．财贸研究，2015（3）：23－31.

⑧ 黄娅娜，宗庆庆．中国城镇居民的消费习惯形成效应［J］．经济研究，2014（1）：17－28.

⑨ 陈凯．基于习惯形成和地位寻求的中国居民消费行为研究［D］．太原：山西财经大学，2015.

即习惯形成影响下的消费者将更加趋于谨慎。蒋诗（2017）[①] 认为，习惯形成降低了居民的消费理性，即并非沿着效用最大化的理性路径去消费；进一步分析了不确定性与习惯形成的关系，认为不确定性认知引发并强化了习惯形成，习惯形成反过来也是消费者处理不确定性影响能力的外部表现。袁靖和陈国进（2017）[②] 通过构建连续时间 DSGE 模型，考虑灾难风险和消费习惯形成研究了我国及其他七个国家的最优消费率和储蓄率，发现我国储蓄率最高；考虑了消费习惯形成因素后，面对灾难时的消费者会更加惧怕灾难，即不确定性增强，从而储蓄意愿更强。

以上消费理论的演进体现了研究者的研究视野由即期向跨期的拓展过程，反映了人们对消费领域认识能力的不断提高以及向居民消费事实不断逼近的研究愿望。然而，众多经验研究表明，在存在诸多不确定性的现实背景中，消费者一生的消费和储蓄并不可能实现平滑，其储蓄的目的不仅是平滑其一生的消费，更重要的动机是防范不确定事件的发生所导致的收入下降和支出的增加。以上理论的共同特点是均没有突破确定性的研究框架。然而在我国，不确定性已经成为影响消费不可忽略的重要因素，因此，学者们往往会对相关理论进行扩展，即考虑不确定性因素，如黄娅娜和宗庆庆（2014）、蒋诗（2017）等。这也表明，居民消费作为一种个体经济行为，其在进行消费决策时，既需要考虑即期以及未来可预见的收入情况，同时也会受一些不确定因素的干扰。而这些不确定因素来自主观和客观两个方面。客观方面主要包括所处消费环境的变化、宏观经济政策的变迁以及一些无法预料的突发事件等；主观方面是指来自消费者个人心理特征对消费决策的影响。以下分别对两种不确定性条件下的相关理论及经验研究进行梳理和总结。

第二节　客观不确定性消费理论及经验研究

20 世纪 70 年代以来，理性预期理论的出现为突破传统确定性条件下的消费

① 蒋诗．中国城乡居民消费理性与消费增长路径选择的实证研究［D］．沈阳：辽宁大学，2017.

② 袁靖，陈国进．习惯形成、灾难风险和预防性储蓄——国际比较与中国经验［J］．当代财经，2017（2）：40 – 51.

分析框架提供了一种强有力的思维模式。随着理性预期理论在宏观经济学中的广泛应用，大批国内外学者在研究消费问题时，开始纳入越来越多的不确定性因素，由此，也出现了若干不确定条件下的消费理论，其中，最具影响力的理论有随机游走假说、预防性储蓄假说、流动性约束假说及缓冲储备假说等。

一、随机游走假说

霍尔（Hall，1978）① 采用欧拉方程的方法对持久收入假说和生命周期假说理论进行了拓展，提出了理性预期持久收入生命周期假说（RE－PIH－LCH），也被称为随机游走假说（Stochastic Implications Hypothesis，SIH）。霍尔假定利率等于时间贴现率，且为0，采用二次型效用函数，构建如下分析框架：

$$\max \sum_{t=1}^{T} (C_t - \frac{a}{2}C_t^2), a > 0$$

$$\text{s. t.} \sum_{t=1}^{T} C_t \leqslant A_0 + \sum_{t=1}^{T} Y_t \tag{2.15}$$

由于1期的边际效用为$1-aC_1$，根据效用最大化原则得到欧拉方程：

$$1-aC_1 = E_1(1-aC_t), \ t=1, \ \cdots, \ T$$

$E_1(\cdot)$表示基于第1期可得信息的期望。又由于$E_1(1-aC_t)=1-aE_1(C_t)$，可得：$1-aC_1=1-aE_1(C_t)$，则$C_1=E_1(C_t)$。

效用最大化时，预算约束取等号，两边取期望得：$\sum_{t=1}^{T} E_1(C_t) = A_0 + \sum_{t=1}^{T} E_1(Y_t)$，将$C_1=E_1(C_t)$代入可得$C_1 = \frac{1}{T}[A_0 + \sum_{t=1}^{T} E_1(Y_t)]$。可见，第1期的消费等于消费者一生期望效用以及期初资产之和的平均值。进一步，由于$C_1 = E_1(C_t)$可知，如果第一期的信息可知，则基于第一期信息下一期的预期消费等于当期消费，因此有

$$C_t = E_{t-1}(C_t) + \varepsilon_t = C_{t-1} + \varepsilon_t \tag{2.16}$$

---

① HALL R. Stochastic Implications of the Life Cycle Permanent Income Hypothesis: Theory and Evidence [J]. The Journal of Political Economy, 1978, 86 (6): 971－987.

式(2.16)表明，居民消费服从随机游走过程，当期消费只取决于上一期消费，而与其他因素无关，消费的变化 $C_t - C_{t-1} = \varepsilon_t$ 是随机的。因此，除了当期消费外，任何变量都无益于预测将来的消费水平。

霍尔的贡献在于将生命周期/持久收入假说拓展到了不确定性条件下，进而开辟了在不确定条件下研究居民消费问题的新思路。

然而，弗莱维尼（Flavin，1981）① 通过建立结构计量经济学模型，对霍尔（1978）的理性预期持久收入假说进行了实证检验。结果表明，无论是耐用消费品还是其服务作为被解释变量，拒绝“消费对当前收入的变化不存在过度敏感性”原假设的概率达到0.5；进一步，以非耐用消费品为被解释变量，估计得到的消费对收入变化的过度敏感系数达到0.355，这一结果意味着拒绝了霍尔（1978）“当前消费只由滞后一期消费决定的”随机游走假说。戴利和海德詹姆斯（Daly & Hadjimatheou，1981）② 采用战后英国的季度数据，研究结论表明滞后期收入、滞后期超过一期的消费及流动性资产等都对当期消费有显著性影响，从而也拒绝了霍尔的理论。卡丁顿（Cuddington，1982）③ 采用加拿大数据，研究结论也认为，滞后多期的消费和收入甚至个人实际财富、实际国内总消费及失业率等在消费的预测方程中均显著。以上研究均证实了消费变化对收入变化的过度敏感性（Excess Sensitivity），而坎贝尔和迪顿（Campbell & Deaton，1989）④ 分别利用参数和非参数方法对战后美国劳动收入的时间序列数据进行了研究，结果表明，在给定持久收入理性预期值的前提下，消费要比预想中更为平滑，即消费是“过度平滑性”（Excess Smoothness）的。坎贝尔和迪顿（1989）进一步分析表明，消费对收入预期变化的“过度敏感性”必然意味着消费对收入中信息的响应减弱，因此，过度敏感性和过度平滑性不存在冲突，是一个问题的两个方

---

① FLAVIN M. The Adjustment of Consumption to Changing Expectations about Future Income [J]. The Journal of Political Economy, 1981, 89 (5): 974 - 1009.

② DALY V, HADJIMATHEOU G. Stochastic Implications of the Life Cycle - Permanent Income Hypothesis: Evidence for the U. K. Economy [J]. Journal of Political Economy, 1981, 89 (3): 596 - 599.

③ CUDDINGTON J. Canadian Evidence on the Permanent Income - Rational Expectations Hypothesis [J]. Canadian Journal of Economics, 1982, 15 (2): 331 - 335.

④ CAMPBELL J, DEATON A. Why is Consumption So Smooth? [J]. Review of Economic Studies, 1989, 56: 357 - 374.

面；而这显然不符合随机游走假说的预测。由于众多经验验证与随机游走假说的预测并不吻合，从而推动了新理论的出现，即预防性储蓄理论。

二、预防性储蓄理论

霍尔（1978）之后，不确定性逐渐进入越来越多学者的研究视野。霍尔（1978）二次效用函数的假定意味着边际效用函数线性递减，此时就有"预期边际效用等于预期消费的边际效用"的结论，即 $E_t[u'(C_{t+1})]=u'[E_t(C_{t+1})]$。但是，如果边际效用函数是凸函数（意味着效用函数三阶导数为正①）且存在不确定性，则有 $E_t[u'(C_{t+1})]>u'[E_t(C_{t+1})]$，又根据霍尔（1978）的结论 $C_t=E_t(C_{t+1})$，有 $E_t[u'(C_{t+1})]>u'[E_t(C_{t+1})]>u'(C_t)$。可见，在不确定性且边际效用函数为凸的条件下，消费者下一期边际效用的预期会高于当期，所以，消费者会降低当前消费，进而增加储蓄，利兰德（Leland，1968）② 称这部分增加的储蓄为"预防性储蓄"，该理论也被称为预防性储蓄理论（Precautionary Saving Theory，PST）。

随着理论的发展，预防性储蓄的实证研究也迅速涌现，其主要包括对于是否存在预防性储蓄动机的验证以及预防性储蓄动机的强度测算两个方面。由于国内外学者所采用方法和数据不同，研究结论有很大差异。斯金纳（Skinner，1988）③ 在生命周期框架内考虑了不确定性的影响，通过扩展的欧拉方程，导出了消费的封闭近似解，在此基础上计算了预防性储蓄强度，结论是预防性储蓄随着未来不确定性的增加而增加，并占整个生命周期储蓄的一半以上。卡巴雷罗（Caballero，1990）④ 采用 CARA 效用函数求解了跨期最优消费模型，认为收入不确定性所导致的预防性储蓄占美国居民整个生命周期储蓄的 60% 左右。达丹奥

---

① 通常情况下采用常相对风险规避系数和常绝对风险规避系数形式的效用函数。

② LELAND H E. Saving and Uncertainty: The Precautionary Demand for Saving [J]. Quarterly Journal of Economic, 1968 (8): 465-473.

③ SKINNER, JONATHAN. Risky Income, Life Cycle Consumption and Precautionary Savings [J]. Journal of Monetary Economics, 1988 (22): 237-255.

④ CABALLERO R. Consumption Puzzles and Precautionary Savings [J]. Journal of Monetary Economics, 1990, 25 (1): 113-136.

尼（Dardanoni，1991）[①] 沿用斯金纳（1988）的思路，利用英国的家庭支出调查（FES）数据进行研究，表明预防性储蓄是家庭储蓄的一个重要组成部分。卡罗尔（1993）[②] 结合截面数据和来自收入动态（PSID）和 CES 的面板数据，研究结果也支持预防性储蓄假说。约翰·里海根（Johan Lyhagen，2001）[③] 通过对瑞典 1973～1992 年数据的研究表明存在预防性储蓄动机，同时得出，如果不存在不确定性，居民消费可提高 4.9%。周（Zhou，2003）[④] 对达丹奥尼（1991）的理论做了改进，并将其应用于日本的家庭调查数据，其主要结论是收入不确定对家庭消费及储蓄有显著的影响；由收入不确定性导致的预防性储蓄占城镇职工家庭储蓄的 5.557%，而占农、林、渔业以及个体经营家庭总储蓄的份额高达 64.3%。艾伦（Alan，2006）[⑤] 的实证研究表明加拿大居民家庭存在很强的预防性储蓄动机。孟凯帝（Menegatti M，2007）[⑥] 的研究证实了意大利居民的消费存在很强的预防性储蓄动机。米什拉等（Mishra A K，et al.，2012）[⑦] 的研究显示预防性储蓄占美国农场家庭资产积累的 53%。巴亚尔迪等（Baiardi D，et al.，2014）[⑧] 将环境风险加入劳动收入风险和利率风险，推导出一个三风险框架模型，并证实有较强的预防性储蓄动机。纳兰霍等（Naranjo D V，et al.，2016）[⑨] 的研究表明，面对不健全的社会保障制度，50～75 岁之间的墨西哥人会进行预

---

① DARDANONI V. Precautionary Savings under Income Uncertainty a Cross－sectional Analysis［J］. Applied Economics, 1991, 23（1）: 153－160.

② CARROLL C. How Does Future Income Affect Current Consumption?［J］. Quarterly Journal of Ecomomics, 1993, 109（1）: 111－147.

③ LYHAGEN J. The Effect of Precautionary Saving on Consumption in Sweden［J］. Applied Economics, 2001, 33（5）: 673－681.

④ ZHOU Y F. Precautionary saving and earnings uncertainty in Japan: A household－level analysis［J］. Journal of the Japanese & International Economies, 2003, 17（6）.

⑤ ALAN S. Precautionary wealth accumulation: evidence from Canadian microdata［J］. Canadian Journal of Economics, 2006, 36（4）: 1105－1124.

⑥ MENEGATTI M. Consumption and Uncertainty: A Panel Analysis in Italian Regions［J］. Applied Economics Letters, 2007（14）: 39－42.

⑦ MISHRA A K, UEMATSU H, Rebekah. Precautionary Wealth and Income Uncertainty: A Household－Level Analysis［J］. Journal of Applied Economics, 2012, 15（2）: 353－369.

⑧ BAIARDI D, MAGNANI M, MENEGATTI M. Precautionary Saving under Many Risks［J］. Journal of Economics, 2014（113）: 211－228.

⑨ NARANJO D V, GAMEREN E V. Precautionary Savings in Mexico: Evidence from the Mexican Health and Aging Study［J］. Review of Income and Wealth, 2016（2）: 334－361.

防性储蓄。

但与以上结论不同的是，库尔文（Kuehlwein，1991）①、巴特勒等（Guiso，et al.，1992）②、戴南（1993）③、斯塔尔－麦克卢尔（Starr－McCluer，1996）④以及路沙迪（Lusardi，1997）⑤ 等的研究均没有发现或者仅发现很小的预防性储蓄动机。戴南（1993）利用1985年美国的消费支出调查数据（CEX）估计了预防性储蓄动机的强度，得出的参数非常小且不显著。卢萨尔迪（Lusardi，1997）使用HRS数据中失业的主观概率数据作为不确定性的代理变量，估计得出该变量对美国的预防性储蓄影响弹性仅为1%～3.5%。赫斯特等（Hurst，et al.，2010）⑥ 认为以往文献由于没有考虑企业和非企业家庭的异质性，从而高估了预防性储蓄。他估计得出的美国居民预防性储蓄占财富的比值少于10%。Fossen和Davud（2013）⑦ 肯定了赫斯特等（2010）的做法和观点，即在德国，对于成员全是雇员（非企业家）的家庭而言，由于享有各种完善的社会保障，因此，并没有发现统计上显著的预防性储蓄动机。

近年来，我国居民的高储蓄现象受到广泛关注，其中不少学者在预防性储蓄理论框架下研究了我国居民的消费与储蓄问题。宋铮（1999）⑧ 用城镇居民收入标准差作为居民收入不确定性的代理变量，利用相关年度时间序列数据建立城乡居民年底储蓄余额增量与收入不确定性的回归模型，结论表明，收入不确定性是

---

① KUEHLWEIN M. A Test for the Presence of Precautionary Saving ［J］. Economics Letters，1991，37（2）：471－475.

② GUISO L，JAPPELLI T，TERLIZZESE D. Earnings Uncertainty and Precautionary Saving ［J］. Journal of Monetary Economics，1992，30（2）：307－337.

③ DYNAN K E. How Prudent Are Consumers? ［J］. Journal of Political Economy，1993，101（6）：1104－1113.

④ STARR－MCCLUER M. Health Insurance and Precautionary Saving ［J］. American Economic Review，1996，86（5）：285－295.

⑤ LUSARDI A. Precautionary Saving and Subjective Earnings Variance ［J］. Economics Letters，1997，57（3）：319－326.

⑥ HURST E，LUSARDI A，KENNICKELL A，TORRALBA. The Importance of Business Owners in Assessing the Size of Precautionary Savings ［J］. Review of Economics and Statistics，2010（92）：61－69.

⑦ FOSSEN F M，AFSCHAR R，DAVUD. Precautionary and Entrepreneurial Savings：New Evidence from German Households ［J］. Oxford Bulletin of Economics & Statistics，2013，75（4）：528－555.

⑧ 宋铮．中国居民储蓄行为研究［J］．金融研究，1999（6）：46－50＋80.

我国居民储蓄增加的主要原因。孙凤（2001）[①] 的研究结果认为，居民收水平低、消费的生命周期特征、预期收入和支出的不确定性以及流动性约束的存在是造成中国居民高储蓄的主要原因。孙凤和王玉华（2001）[②] 认为预期收入的不确定性会显著地减少当期消费，即居民储蓄行为中存在预防性动机。万广华等（2001）[③] 的实证研究表明，流动性约束型消费者所占比重的上升以及不确定性的增大，是中国目前低消费增长和内需不足的重要原因。万广华等（2003）[④] 采用农户家庭调查资料，研究了中国农户的储蓄行为。研究发现，流动性约束、预防性储蓄动机以及工业化等对储蓄率的上升有正向且很大的贡献。杭斌和申春兰（2005）[⑤] 认为，1997 年以来，农村服务项目费用的飞涨以及农产品生产价格的持续下降是农户预防性储蓄增加的重要原因。施建淮、易行健等（2008）[⑥] 的研究表明，我国农村居民存在很强的预防性储蓄动机。杜宇玮和刘东皇（2011）[⑦] 运用状态空间模型和卡尔曼滤波估算了 1979 ~2009 年我国城乡居民的预防性储蓄动机强度，结果发现，在全国、城镇和农村都存在着较强的预防性储蓄动机，且城镇高于农村。凌晨和张安全（2012）[⑧] 认为，我国城市居民比农村居民具有更强的预防性储蓄动机；雷震和张安全（2013）[⑨] 利用中国地级城市面板数据研究了我国城乡居民的预防性储蓄动机，研究发现，由收入不确定性而引起的预防性储蓄至少能够解释城乡居民人均金融财产积累的 20% ~30%。陈冲（2014）[⑩]

① 孙凤．预防性储蓄理论与中国居民消费行为［J］．南开经济研究，2001（1）：54 –58.

② 孙凤，王玉华．中国居民消费行为研究［J］．统计研究，2001（4）：24 –29.

③ 万广华，张茵，牛建高．流动性约束、不确定性与中国居民消费［J］．经济研究，2001（11）：35 –44 +94.

④ 万广华，史清华，汤树梅．转型经济中农户储蓄行为：中国农村的实证研究［J］．经济研究，2003（5）：3 –12 +91.

⑤ 杭斌，申春兰．中国农户预防性储蓄行为的实证研究［J］．中国农村经济，2005（3）：44 –52.

⑥ 易行健，王俊海，易君健．预防性储蓄动机强度的时序变化与地区差异——基于中国农村居民的实证研究［J］．经济研究，2008（2）：119 –131.

⑦ 杜宇玮，刘东皇．预防性储蓄动机强度的时序变化及影响因素差异——基于 1979 ~2009 年中国城乡居民的实证研究［J］．经济科学，2011（1）：70 –80.

⑧ 凌晨，张安全．中国城乡居民预防性储蓄研究：理论与实证［J］．管理世界，2012（11）：20 –27.

⑨ 雷震，张安全．预防性储蓄的重要性研究——基于中国的经验分析［J］．世界经济，2013（6）：126 –144.

⑩ 陈冲．收入不确定性的度量及其对农村居民消费行为的影响研究［J］．经济科学，2014（3）：46 –60.

认为，收入的不确定性程度、不确定性方向及不确定性心理状态均对农村居民的消费行为具有显著影响。王策和周博（2016）[①] 将房价上涨因素纳入传统预防性储蓄分析框架，发现我国城镇居民存在显著的预防性储蓄动机，且房价波动以交互效应的形式间接影响预防性储蓄。尚昀、臧旭恒和宋明月（2016）[②] 的研究表明，中等收入群体对未来不确定性较敏感，因而有较强的预防性储蓄动机；高收入群体的预防性储蓄动机随收入水平的提高而降低。袁冬梅、李春风和刘建江（2014）[③] 认为，在我国深化改革和加快体制转型期，各项重大改革所带来的不确定性在家庭之间存在显著性差异，即所谓的异质性，将这些异质性与收入不确定性相乘产生的交互项纳入预防性储蓄分析模型，发现加入异质性因素后，居民的预防性储蓄动机明显加强。尚昀（2016）[④] 认为，收入和支出不确定性等因素对我国不同阶层城镇居民家庭储蓄率均有显著的影响，预防性储蓄动机明显。

除以上验证性研究外，学者对我国居民的预防性储蓄强度也进行了测算。龙志和和周浩明（2000）[⑤] 引用戴南（1993）的模型，选取我国城镇居民 1991 ~ 1998 年的面板数据对预防性储蓄强度进行了估算，结果显示，样本期内我国城镇居民存在显著的预防性储蓄动机，谨慎系数为 5.08。李勇辉和温娇秀（2005）[⑥] 运用相同的模型和方法，测算了 1991 ~ 2003 年我国城镇居民的预防性储蓄动机，结果表明，由支出不确定性导致的城镇居民消费谨慎系数为 5.03。而施建淮和朱海婷（2004）[⑦] 利用我国 35 个大中城市 1999 ~ 2003 年的月度数据进行的计量分析表明，相对谨慎性系数约为 0.1878，即认为我国居民储蓄行为中的预防性储蓄动机并非像人们想象的那么强。

---

① 王策，周博．房价上涨、涟漪效应与预防性储蓄［J］．经济学动态，2016（9）：71 - 81.

② 尚昀，臧旭恒，宋明月．我国不同收入阶层城镇居民的预防性储蓄实证研究［J］．山东大学学报（哲学社会科学版），2016（2）：26 - 34.

③ 袁冬梅，李春风，刘建江．城镇居民预防性储蓄动机的异质性及强度研究［J］．管理科学学报，2014（7）：51 - 62.

④ 尚昀．预防性储蓄、家庭财富与不同高收入阶层的城镇居民消费行为研究［D］．济南：山东大学，2016.

⑤ 龙志和，周浩明．中国城镇居民预防性储蓄实证研究［J］．经济研究，2000（11）：33 - 38 + 79.

⑥ 李勇辉，温娇秀．我国城镇居民预防性储蓄行为与支出的不确定性关系［J］．管理世界，2005（5）：14 - 18.

⑦ 施建淮，朱海婷．中国城市居民预防性储蓄及预防性动机强度：1999 ~ 2003［J］．经济研究，2004（10）：66 - 74.

可见，以其他国家为对象的研究对于是否存在预防性储蓄动机以及该动机的强弱并没有得出一致的结论；而对于中国的研究，结果基本上一致，即我国城乡居民存在较强的预防性储蓄动机。但是该强度的大小依赖于不同的方法和数据，这说明预防性储蓄的理论与实证检验仍有待深入研究。

三、流动性约束理论

生命周期和持久收入假说都假定消费者可以通过借贷和储蓄平滑其一生的消费，然而这是以非常完善的金融市场和良好的个人信用记录为前提的。通常情况下，银行的贷款利率远高于存款利率；而且相当一部分没有固定收入的低收入者无论以任何利率都无法取得贷款。因此，面对收入的暂时性下降，消费者只能被迫降低当前消费水平而提高储蓄水平，这种无法以任何利率取得任何贷款的约束即为“流动性约束”。流动性约束是导致预防性储蓄的重要原因。泽尔德斯（Zeldes，1989a）[①] 认为，当收入遭遇下降时，流动性约束下的消费行为会表现出对这种冲击的“过度敏感”，从而比非流动性约束下更为谨慎。同时，即使当前无流动性约束，消费者对未来流动性约束束紧的预期也会降低当前消费，这一理论即为流动性约束理论（Liquidity Constraint Theory，LCT）。

斯金纳（Skinner，1988）、布兰查德和曼坤（Blanchard & Mankiw，1988）[②] 以及金布尔和曼坤（Kimball & Mankiw，1989）[③] 认为，只有持久收入冲击会影响预防性储蓄动机。在完备的资本市场和金融市场条件下，持久收入假说也暗含着收入的暂时性冲击对预防性储蓄影响很小的结论。然而，如果消费者（或家庭）面临流动性约束，暂时性冲击就会对预防性储蓄造成很大影响。杰派利等

---

① ZELDES S. Consumption and Liquidity Constraints: An Empirical Investigation [J]. Journal of Political Economy, 1989, 97 (2): 305-346.

② BLANCHARD O J, MANKIW N G. Consumption: Beyond Certainty Equivalence [J]. American Economic Review, 1988, 78 (2): 173-177.

③ KIMBALL M S, MANKIW N G. Precautionary Saving and the Timing of Taxes [J]. Journal of Political Economy, 1989, 97 (4): 863-880.

(Jappelli, et al., 1998)[①] 发现面临信贷约束的消费者，其消费对收入更为敏感。章和婉（Zhang Y & Wan G H, 2004)[②] 的实证研究表明，流动性约束下消费者比例的增加以及不确定程度的增强是导致改革开放以后中国居民消费低迷的重要原因；二者的交互项加剧了各自对居民消费水平和增长速度的负向影响。德胡安等（Dejuan, et al., 2010)[③] 的研究发现加拿大居民消费对收入负向冲击的敏感程度强于正向冲击，并证明流动性约束的存在是造成这种非对称模式的主要原因。迪达（Deidda, 2014)[④] 在流动性约束下实证考察了意大利居民的预防性储蓄动机发现，正在面临或预期未来面临流动性约束的家庭有更强的预防性储蓄动机。

国内学者叶海云（2000)[⑤] 认为，我国消费低迷的根本原因是流动性约束以及为应付即将发生的消费支出而进行储蓄的短视行为。杭斌和王永亮（2001)[⑥] 的实证结果表明，北京市城镇居民面临的流动性约束高于英、美等发达国家。汪红驹和张慧莲（2002)[⑦] 认为，金融市场的不发达和信息的不对称使我国居民面临更紧的流动性约束，从而降低当前消费水平。杜海韬和邓翔（2005)[⑧] 的研究表明，流动性约束和日益增强的不确定性增大了居民的预防性储蓄动机。高梦滔等（2008)[⑨] 认为，受流动性约束农户存在消费的过度敏感性；而非流动约束下

---

① JAPPELLI T, PISCHKE J S, SOULELES N S. Testing for Liquidity Constraints in Euler Equations with Complementary Data Sources [J]. Review of Economics and Statistics, 1998 (80): 251 -262.

② ZHANG Y, WAN G H. Liquidity Constraint, Uncertainty and Household Consumption in China [J]. Applied Economics, 2004, 36 (19): 2221 -2229.

③ DEJUAN J P, SEATER J J, WIRJANTO. Testing the Stochastic Implications of the Permanent Income Hypothesis Using Canadian Provincial Data [J]. Oxford Bulletin of Economics & Statistics, 2010, 72 (1): 89 -108.

④ DEIDDA M. Precautionary Saving Under Liquidity Constraints: Evidence from Italy [J]. Empirical Economy, 2014 (46): 329 -360.

⑤ 叶海云. 试论流动性约束、短视行为与我国消费需求疲软的关系 [J]. 经济研究, 2000 (11): 39 -44.

⑥ 杭斌，王永亮. 流动性约束与居民消费 [J]. 数量经济技术经济研究, 2001 (8): 22 -25.

⑦ 汪红驹，张慧莲. 不确定性和流动性约束对我国居民消费行为的影响 [J]. 经济科学, 2002 (6): 22 -28.

⑧ 杜海韬，邓翔. 流动性约束和不确定性状态下的预防性储蓄研究——中国城乡居民的消费特征分析 [J]. 经济学（季刊）, 2005 (2): 297 -316.

⑨ 高梦滔，毕岚岚，师慧丽. 流动性约束、持久收入与农户消费——基于中国农村微观面板数据的经验研究 [J]. 统计研究, 2008 (6): 48 -55.

农户的消费行为能够由持久收入假说解释。臧旭恒和李燕桥（2012）[①] 认为，我国城镇居民消费行为对收入变动和流动性约束变动均呈现出“过度敏感性”，但流动性约束的敏感性系数远小于收入敏感性系数。

另一方面，欧阳俊等（2003）[②] 则认为，流动性约束没有对我国居民的消费行为造成影响。孔东民（2005）[③] 的研究也表明，我国居民并不存在即期流动性约束。潘彬和徐选华（2009）[④]、唐绍祥等（2010）[⑤] 的研究认为，居民消费行为受流动性约束的影响并不显著。

而对于流动性约束是不是阻碍消费扩大的原因，学术界也有截然相反的两种结论。作者认为，在我国，流动性约束的存在毋庸置疑，但是假设我国消费者面对的是金融和信用市场异常发达的消费环境，任何人可以在任意时间以任何理由获得与储蓄相同利率的借款，那么，深受“量入为出”传统消费理念影响的我国消费者，在市场经济体制还不那么健全，对未来的收入和支出也不那么确定的条件下，用未来的钱买房购车也曾经一度不为一些中老年人所理解和认同之后，是否会通过借贷用于当前其他方面的消费是值得怀疑的，或者至少对于农村居民家庭和城镇低收入阶层而言，流动性约束对消费决策的影响是微不足道的。这就是说，西方的某些成熟理论是否适应于中国，需要做谨慎的思考和细致的研究及验证。

四、缓冲储备假说

预防性储蓄理论和流动性约束理论的共同结论是消费者倾向于降低当前消费

---

① 臧旭恒，李燕桥．消费信贷、流动性约束与中国城镇居民消费行为［J］．经济学动态，2012（2）：61-66.

② 欧阳俊，刘建民，秦宛顺．流动性约束与我国城乡居民消费［J］．经济科学，2003（5）：98-103.

③ 孔东民．前景理论、流动性约束与消费行为的不对称——以我国城镇居民为例［J］．数量经济技术经济研究，2005（4）：134-142.

④ 潘彬，徐选华．资金流动性与居民消费的实证研究——经济繁荣的不对称性分析［J］．中国社会科学，2009（4）：43-53.

⑤ 唐绍祥，汪浩瀚，徐建军．流动性约束下我国居民消费行为的二元结构与地区差异［J］．数量经济技术经济研究，2010（1）：81-95.

并提高储蓄水平，以应对流动性约束以及未来收入和支出的诸多不确定性。卡罗尔（1992）[①] 认为，无论是广泛应用于宏观经济研究中的消费理论，还是标准的宏观计量预测模型，都无法准确解释战后美国民众对失业率的悲观预期，而这恰恰是影响居民消费的重要因素。而以泽尔德斯（1989）和迪顿（1991）[②] 的研究为基础的“缓冲储备模型”却能够对失业率做出很好的描述，即缓冲储备假说（Buffer Stock Saving Hypothesis，BSSH）。该假说认为，“缓冲储备”行为产生于收入出现不确定时消费者缺乏耐心和谨慎。面对收入的不确定，缺乏耐心的消费者不是去借款，而是倾向于变现当前资产进行消费；而谨慎的消费者却又不愿意太过挥霍其资产。卡罗尔（1992）认为，消费者存在一个目标财富储备，当资产积累低于该目标时，谨慎动机强于不耐心程度，消费者就会储蓄；否则，不耐心程度就会压过谨慎动机，进而消费者增加消费。可见，“缓冲储备假说”强调家庭资产可以起到缓冲储备的作用，面对收入波动，消费者通过持有资产同样可以平滑其消费。

卡罗尔（1997）[③] 进一步研究表明，“缓冲储备模型”可以有效地解释三个经验悖论，第一个是由卡罗尔（1994）[④] 等提出的“消费收入平行增长论”，即总量数据层面上消费增长率最终平行于收入增长率。这个经验事实严重背离标准的生命周期持久收入假说（LC/PIH），然而却可以由缓冲储备假说认为的“消费者缺乏耐心和借款意愿”来解释。第二个事实是来自微观消费调查的“消费收入分歧说”，即在微观住户层面上，消费与收入背离甚远，这意味着总量数据层面上的“消费收入平行增长”并非来自微观住户层面上“消费对收入的高频追踪”，消费者并非以增减消费逐一应对收入的暂时性冲击，而是动用资产以对消费进行缓冲。第三个事实是 1973 年以后住户流动性资产的变动，既不能用生命周期持久收入假说理论来解释，也不符合凯恩斯模型，却能够由缓冲储备理论很

① CARROLL C. The Buffer – Stock Theory of Saving：Some Macroeconomic Evidence ［J］. Brookings Papers on Economic Activity，1992，23（2）：61 – 156.

② DEATON A. Savings and Liquidity Constraints ［J］. Econometrica，1991（9）：1221 – 1248.

③ CARROLL C. Buffer – Stock Saving and The Life Cycle/Permanent Income Hypothesis ［J］. The Quarterly Journal of Economics，1997，112（1）：1 – 55.

④ CARROLL C. How Does Future Income Affect Current Consumption? ［J］. Quarterly Journal of Economics，1994，109（1）：111 – 147.

好地刻画：持有资产的主要目的是应对收入的随机冲击。

可见，流动性约束、谨慎和缺乏耐心三者的结合使得消费者将储蓄视作一种缓冲储备，当预期未来生活状况好转时，消费者会增加当前消费，降低储蓄；而当预期未来生活状况不好时，消费者就会降低当前消费，增加储蓄，以便在未来遇到突发事件时起到缓冲的作用。

然而，缓冲储备模型不存在解析解，因此不能直接用于实证分析。卡罗尔和萨姆威克（Carroll & Samwick，1997，1998）①② 利用倒推法得出了结论：缓冲储备模型意味着财富—持久收入比 A/P 与收入不确定性 ϖ 存在以下关系：

$$\ln\left(\frac{A}{P}\right)=\alpha+\beta\varpi+\mu \tag{2.17}$$

式（2.17）即可作为实证研究的计量模型。可见，缓冲储备模型的重要贡献在于它可以用于对消费者一生的财富累积模式进行预测。在该理论框架下，财富—持久收入比是一个相对固定的常数，不会随着收入及年龄的增加而增加。且卡罗尔认为，该模型比生命周期假说对财富积累具有更好的解释能力。特别是后者可以对生命周期开始阶段的负储蓄做出合理的解释。

卡扎罗西安（Kazarosian，1997）③ 利用美国国民纵向调查（National Longitudinal Survey，NLS）的面板数据分两步进行了研究。首先，将持久收入与可支配收入进行分离，并测算收入的不确定性；其次，研究持久收入和不确定性对预防性储蓄（用家庭资产与持久收入之比表示）的影响，研究结论显示，持久冲击和暂时冲击对预防性储蓄的影响显著为正，且数值很大。祁和刘（Chyi & Liu，2007）④ 的研究认为，台湾居民收入的暂时性冲击会增加居民的金融和房产财富

① CARROLL C，SAMWICK A. The Nature of Precautionary Wealth［J］. Journal of Monetary Economics，1997（40）：41－71.

② CARROLL C，SAMWICK A. How Important is Precautionary Saving?［J］. Review of Economics and Statistics，1998（80）：410－419.

③ KAZAROSIAN M. Precautionary Savings—A Panel Study［J］. Review of Economics & Statistics，1997（3）：241－246.

④ CHYI Y L，LIU Y L. Income Uncertainty and Wealth Accumulation：How Precautionary are Taiwanese Households?［J］. Asian Economic Journal，2007，21（3）：301－319.

积累，而持久性收入冲击只会增加房产财富积累。卡罗尔和萨姆威克（1998）[①]运用PSID面板数据，估算得出流动性资产的33%、非商业和房产财富的50%以及总净资产45%的积累可以由预防性储蓄解释。卡特琳娜和苏姗（Catalina & Susan，2002）[②] 利用美国调查数据研究了流入人口和本地青年阶层面对收入不确定性时的财富累积模式，结果发现，相对于本地居民而言，流入人口积累的财富较少；而且流入青年人口由于比本地青年居民面临更多的不确定性，进而具有更强的预防性储蓄倾向。夏蒙等（Chamon，et al.，2013）[③] 通过构建缓冲储备模型，研究了家庭收入不确定性与20世纪90年代末的养老金改革对居民储蓄的影响，结论表明，以上两个因素是导致年轻家庭和老年家庭储蓄率提高的重要原因，二者可以解释城镇居民储蓄率增加的2/3。库萨多科拉等（Kusadokoro M，et al.，2016）[④] 的研究认为，日本农场家庭的现金和准现金的积累方式与缓冲储备假设一致。霍拉格等（Horag C，et al.，2017）[⑤] 认为，超过80%的中国家庭储蓄率和几乎所有的美国家庭储蓄均来自预防性动机。而中国居民储蓄率高于美国的原因是中国居民具有较高的收入增长率，为了维持财富与收入比值的目标值，必须有相应的高储蓄率。

国内学者郭英彤和李伟（2006）[⑥] 运用缓冲储备模型实证检验了我国的居民储蓄行为，结果支持该假说。刘兆博和马树才（2007）[⑦] 通过构建家庭财产—持久收入比与不确定性以及受教育程度的微观面板数据模型发现，不确定性是导致居民通过持有财产进行储蓄的重要原因，同时，农民相对较重的教育负担是造成

---

① CARROLL C，SAMWICK. How Important is Precautionary Saving? [J]. Review of Economics & Statistics，1998，80（3）：410-419.

② CATALINA A D，SUSAN P. Precautionary Saving by Young Immigrants and Young Natives [J]. Southern Economic Journal，2002，69（1）：48-71.

③ CHAMON M，KAI L，PRASAD E. Income uncertainty and household savings in China [J]. Journal of Development Economics，2013，105（11）：164-177.

④ KUSADOKORO M，Maru T，TAKASHIMA M. Asset Accumulation in Rural Households during the Post-Showa Depression Reconstruction：A Panel Data Analysis [J]. Asian Economic Journal，2016（30）：221-246.

⑤ HORAG C，Steven M L，Nelson C. Precautionary Saving of Chinese and U.S. Households [J]. Journal of Money，Credit & Banking（Wiley-Blackwell），2017（1）：635-661.

⑥ 郭英彤，李伟. 应用缓冲储备模型实证检验我国居民的储蓄行为 [J]. 数量经济技术经济研究，2006（8）：128-136.

⑦ 刘兆博，马树才. 基于微观面板数据的中国农民预防性储蓄研究 [J]. 世界经济，2007（2）：40-49.

其具有显著预防性储蓄行为的重要原因。郭英彤（2011）[①] 认为，缓冲储备模型能够解释我国城市居民的消费行为。宋明月和臧旭恒（2016）[②] 在缓冲储备模型的框架内，用 CHNS 数据检验了我国城乡居民的预防性储蓄行为，研究表明，收入不确定性对于居民的储蓄行为具有很大影响。

但与以上结论不同，吉索等（1992）[③] 用意大利家庭主观评价作为收入不确定性的代理变量，认为预防性储蓄动机仅占家庭净资产的 2%。杰派利等（2008）[④] 利用 2002～2004 年意大利家庭收入与财产调查（SHIW）[⑤] 数据对缓冲储备模型进行了实证检验，检验结果并不支持缓冲储备假说，即便是对于被先验地认为更倾向于具有缓冲储备特征的青年以及个体劳动者阶层也是一样。该研究发现，年轻的意大利居民家庭的财富—收入比随年龄的增大而增加，不耐心和相对谨慎程度并没有缓冲储备模型中的高，且年轻人的储蓄行为更多地可以用基于生命周期假说的储蓄考虑（如为了消费以及退休而储蓄）来解释。国内学者杭斌和申春兰（2008）[⑥] 也认为，缓冲储备理论不能解释中国城镇居民的消费行为。

以上对居民消费行为的理论阐释和经验研究，影响行为人决策的因素由确定性到不确定性、预算约束由即期到跨期的演进，尽管对消费事实的解释能力在不断提高，然而却始终没有脱离新古典经济学“理性行为人”的核心假设。“理性行为人”假设是指每个行为人都是效用最大化的追求者，即理性行为人总会用最小的代价（支出或付出）换得最大的收益（收入或效用）。因此，在某种意义上，“理性”与“最大化”是同义语。“理性行为人”假设其实暗含着在给定目

① 郭英彤．收入不确定性对我国城市居民消费行为影响——基于缓冲储备模型的实证研究［J］．消费经济，2011（12）：52－56＋22.

② 宋明月，臧旭恒．我国居民预防性储蓄重要性的测度——来自微观数据的证据［J］．经济学家，2016（1）：89－97.

③ GUISO L，JAPPELLI T，TERLIZZESE D．Earnings Uncertainty and Precautionary Saving［J］．Journal of Monetary Economics，1992，30（2）：307－337.

④ JAPPELLI T，PADULA M，PISTAFERRI L．A Direct Test of the Buffer－Stock model of Saving［J］．Journal of the European Economic Association December，2008，6（6）：1186－1210.

⑤ 该项调查的一个重要特点是，被调查者提供了作为预防性目的而持有的财产金额，而这一财产正是缓冲储备模型中的目标财富值。

⑥ 杭斌，申春兰．习惯形成下的缓冲储备行为［J］．数量经济技术经济研究，2008（10）：142－152.

标函数和约束条件之后，所有的行为人都有足够的能力去准确地做出同质的选择。而在决策过程中可能的疏忽以及各种个人情感因素的干扰全部被忽略不计。但是，如果将这种完全可控的“实验室设计”置于一个复杂的、存在众多不确定性的现实世界中时，其是否还是可控的，是值得怀疑的。事实上，在存在众多不确定性的现实世界里，行为人获取全部信息的能力以及对环境的计算能力和认知能力都是有限的，即行为人对周围世界不可能尽皆知晓。同时，行为人在决策过程中，很难保证不受其心理及各种情绪因素的干扰和制约。这样，“效用最大化”的行为模式就很难被彻底执行，各种次优的非最大化的行为模式成为指导人们决策的选择，进而导致决策行为的千差万别，也就很难有一种消费理论对各类行为人的行为特征做出精确描述。

以生命周期/持久收入假说为基础的新古典消费理论的另一个核心假设是时间偏好率为常数。时间偏好是考察跨期消费的重要概念，可以理解为当前消费与未来消费的边际替代率，即放弃一单位当前消费而被要求在未来得到补偿的比率。也就是说，在常数时间偏好率的假设下，一单位效用从 0 期推迟到 1 期消费所降低的比率与从 t 期推迟到 t+1 期消费所降低的比率是一样的。然而，在实际消费行为中，人们对推迟近期的消费更缺乏耐心，而对于推迟远期的消费却不甚关心[①]。为了说明这种时间偏好的动态不一致性，Thaler（1981）[②] 设计了调查问卷，让受访者回答以下问题：如果让你推迟一个月、一年和十年领取现在应得的 15 美元，那么届时需要分别得到多少作为补偿？受访者平均要求的补偿金额分别为 20 美元、50 美元和 100 美元。利用连续复利法计算，可得对应于以上三种情况的时间偏好率分别为 345%、120% 和 19%，可见，时间偏好率呈现出随时间的推移而递减的特征。这与新古典消费理论的假设完全不同。

综上所述，当“理性行为人”和“常数时间偏好率”的假设在实际问题中得不到满足时，新古典消费理论的解释能力或者解释范围就会受到限制。近年来“退休消费之谜”“（中国）高储蓄之谜”以及“炫耀性消费之谜”等异象的出

① STROTZ R H. Myopia and inconsistency In Dynamic Utility Maximization [J]. Review of Economic Studies, 1956 (23): 165-180.

② THALER R. Some Empirical Evidence on Dynamic Inconsistency [J]. Economic Letters, 1981 (8): 201-207.

现，对新古典消费理论提出了极大的挑战。[①] 因此，要想提高某种理论的适用性，就必然要对该理论的核心假设进行修正和改进。

行为经济学是近30年发展起来的最新理论范式，其对新古典理论“理性行为人”的假设进行了改进。行为经济学在消费领域中的应用被称为行为消费理论，与生命周期/持久收入理论、预防性储蓄理论一起是目前研究消费问题的重要理论基础。行为消费理论充分考虑消费者的心理特征，将行为人“理性”的假设放松至“有限理性”，同时摒弃“常时间偏好率”的古典假设，遵循更符合行为人心理特征的“时间偏好递减”性，使得其对居民消费事实的解释能力进一步提高。因此，在某种程度上可以理解为该消费理论基于主观不确定性条件下研究居民的消费行为。

第三节　主观不确定性消费理论

相比影响居民消费决策行为的各种外在的、客观因素的不确定性（如收入和支出预期的不确定性），作为社会经济活动的重要参与者——消费者个体或家庭，其主观世界更具不确定性。伴随着预防性储蓄理论、流动性约束理论以及缓冲储备理论等考虑不确定性因素的消费理论的发展及应用，从心理学的角度理解和解释消费现象成为破解新古典消费理论对实际经济现象解释能力不足这一尴尬问题的另一条有效途径。笔者认为，消费者对财富的心理核算以及关于时间偏好的动态不一致性即是主观不确定性的体现，二者也构成了行为消费理论的主要内容。

一、心理核算账户的概念及心理账户理论

1980年，著名行为金融和行为经济学家理查德·塞勒（Richard Thaler）在

① 方福前，俞剑．居民消费理论的演进与经验事实［J］．经济学动态，2014（3）：11－34.

解释消费者的消费决策受到“沉没成本效应”影响的原因时，首次提出“心理账户”（Psychological Accounting）的概念。[①] 随后，卡尼曼和特沃斯基（Kahneman D. & Tversky A.，1981）[②] 通过实验得出，消费者在进行决策时会根据不同的目的和任务构建相应的心理账户。卡尼曼和特沃斯基认为，心理账户是人们对决策结果特别是经济决策结果进行的编码、分类和估价等心理认知过程。卡尼曼和特沃斯基（1984）[③] 经进一步分析认为，“心理账户”的形成包含了比“心理”（Psychology）更广的因素范畴，如精神层面、思想层面以及包括心智层面，因此他们认为“Mental Accounting”比“Psychological Accounting”能够更加贴切地表达“心理账户”。此后的大多数文献均沿用“Mental Accounting”这一概念。塞勒（1985）[④] 对心理账户现象及其如何影响消费者的决策进行了系统的分析，正式提出了“心理账户”理论。塞勒认为，不同规模大小的微观经济主体在进行经济决策时，都有心理账户系统，只不过有的表现得比较明显，有的则比较内隐。心理核算账户具有两个非常重要的特征：其一是“不可替代性”。塞勒通过分析实际经济问题中的一些无法用传统经济学解释的现象，指出心理账户具有不可替代性的特征；其二，经济主体在经济决策时，其心理账户系统往往遵循一种与理性经济学运算规律相矛盾的潜在心理运算规则，从而使行为主体的决策违背通常情形下的理性经济法则。

二、心理核算账户的不可替代性

心理核算账户的不可替代性特征在收入来源、消费支出及财富存储方式三个方面都有所体现。

---

① THALER R. Towards a Positive Theory of Consumer Choice [J]. Journal of Economic Behavior and Organization, 1980 (1): 39-60.

② TVERSKY A, KAHNEMAN D. The Framing of Decisions and the Psychology of Choice [J]. Science, 1981 (211): 453-458.

③ KAHNEMAN D, TVERSKY A. Choices, Values and Frames [J]. American Psychologist, 1984, 39 (4): 341-350.

④ THALER R. Mental Accounting and Consumer Choice [J]. Marketing Science, 1985, 4 (3): 199-214.

为了说明心理账户基于不同收入来源的不可替代性特征，塞勒举了如下一个例子：有两对夫妻在外出旅游时钓到了几条大马哈鱼，但这些鱼在空运途中丢失了，为此航空公司给了他们300美元作为赔偿，于是，这两对夫妻拿了这笔赔偿款到一个豪华饭店大吃了一顿，花了225美元；但是如果换一种情形，这300美元是每对夫妻的工资各自增加的150美元，同样也都是300美元，那么他们绝不会拿这300美元去吃大餐而消费掉。以上两种情况获得的金钱数量虽然相同，但这两对夫妻对这两个300美元的处理结果却完全不同，其原因是他们把这两种收入划归不同的心理账户。前者属于意外之财，容易在得到后很快消费掉；而后者属于自己的辛苦所得，必然会倍加珍惜。可见，这种按财富来源不同而设立的心理账户之间具有不可替代性。

心理核算账户的非替代性还体现在不同的消费支出类别中。2002年的诺贝尔经济学奖获得者丹尼尔·卡尼曼（Daniel Kahneman）设计了一个“听音乐会”的情境实验如下：

假如今天晚上你打算去听一场音乐会，票价是200美元，在你即将要出发的时候，突然发现最近买的价值200美元的电话卡丢了，那么你是否还会去听这场音乐会呢？实验结果表明，大部分的回答者仍旧会选择去听音乐会；可是如果丢的不是电话卡，而是昨天买的音乐会票，如果你想继续听音乐会，就必须再花200美元买一张票，那么你是否还会去听呢？实验结果是大部分人选择不去听。在以上实验中，从损失的价值来看，同样都是200美元，但是对于是否继续听音乐会的选择却大相径庭。原因就在于，人们将电话卡和音乐会票划归到不同的心理消费支出账户中，由于不同类别的消费支出账户具有不可替代性，所以电话卡的丢失不会影响音乐会票所在账户的预算和支出，大部分人仍旧会选择去听音乐会。但是丢失的音乐会票和需要再买的音乐会票都属于同一个心理账户，所以，给人的感觉是要花400美元去听一场音乐会，于是，大部分人选择不去听了。

不同的存储方式也会导致心理账户的非替代性。塞勒举的另外一个例子：约翰先生计划5年之后购买一栋理想的别墅，为此存入银行15000美元，年利率是10%。可是他们却贷款11000美元买了一辆汽车，贷款期限为3年，年利率为15%。那么，约翰一家为什么不用自己的存款购买汽车呢？那是因为，约翰一家存起来准备买别墅的钱，已经放进购房这一固定账户上，如果另外一项开支（购车）挪用了这笔钱，这笔钱就不存在了。虽然从理性意义上理解，使用存款或贷款对于这个家庭而言，总财富并没有发生变化，但是心理感觉完全不一样，即用于存储不同财富的心理账户余额发生了改变。这表明固定账户和临时账户具有不可替代性。人们在进行消费决策时，对已经存入固定账户的财富，如果有了预定的开支计划，一般不愿意挪作他用，临时的开支计划总是希望通过临时账户或者其他方式予以筹集。

三、心理核算账户的运算规则

除了不可替代性特征，心理账户的第二个特征是遵循一种与理性经济学运算规律相矛盾的潜在心理运算规则。塞勒通过引入“值函数”（Value function）的概念，来探讨心理账户如何影响人的经济决策行为。与理性经济学中的“效用函数”（Utility function）相比，值函数具有更为丰富的内涵[①]。

1. 值函数及其假设

塞勒指出，人们根据心理账户系统进行心理运算的过程，实际上是对各种选择的损失—收益进行心理评估的过程。心理运算并不是追求理性认知上的效用最大化，而是情感上的满足最大化。可以用图 2－1 所示的值函数描述这种评估过程。值函数有如下三个重要的特征或假设：

（1）得与失是相对于某个参照点而言的，而不是绝对财富的增减。也就是说，参照点的变化会改变人们对得失的主观估价。人们关心更多的是相对于参照点而发生的价值改变，而不是绝对价值水平。

（2）人们对得与失的心理体验是不对称的。值函数为一条 S 形的曲线，盈利部分为凹函数，损失部分为凸函数。因此，对于损失，人们是风险偏好的；而对于收益，又是风险规避的。由于损失部分比盈利部分更为陡峭，因此，对于同样数量的盈利与亏损，人们对于后者的感觉来得更强烈一些。例如，丢失 1000 元钱所带来的痛苦比捡到 1000 元而带来的高兴更为强烈。在图 2－1 中，$-V(-X) >$

---

① 李爱梅，凌文辁．心理账户的非替代性及其运算规则［J］．心理科学，2004（4）：952－954.

$V(X)$就是这个道理。

（3）价值敏感性的心理感知随“得失”的数量而递减。观察图2－1的值函数可知，离原点（即参照点）越近，曲线的斜率越大；离原点越远，曲线越平缓。因此，不管是盈利还是亏损，离参照点越近，人们越敏感。例如，人们对从5～10元盈利或者从10～5元的损失，远比对从80～85元的盈利或者从85～80元的损失敏感。

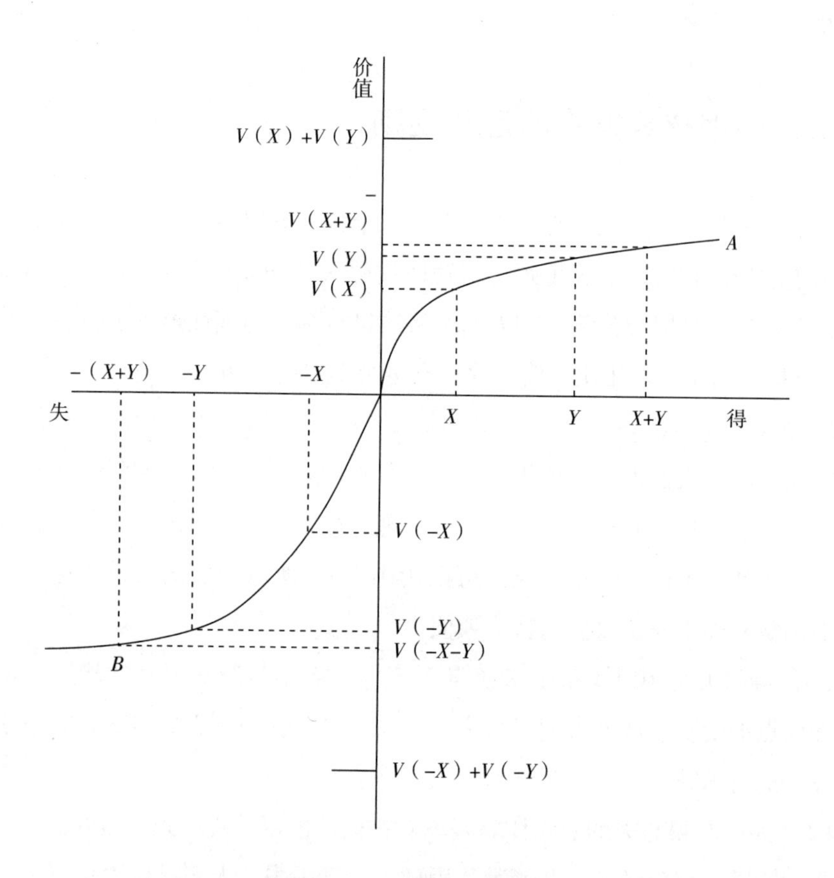

图2－1　值函数示意图①

① 图形摘自李爱梅，凌文辁．心理账户的非替代性及其运算规则［J］．心理科学，2004（4）：952－954.

2. 得与失的组合规则

除以上基本假设外，值函数也告诉我们，得与失的不同情形组合会有不同的价值感知，塞勒分以下四种情形进行了分析，并总结出不同情形之下所遵循的心理运算规则。

（1）两笔“得”应分开。传统的期望效用函数理论认为，一次获得100元与两次获得50元的总效用相同。然而根据值函数却并非如此，塞勒通过实验证明了人们对前者的心理满足程度要小于后者。在图2-1中，X和Y为两笔收入，可知其价值分别为$V(X)$和$V(Y)$，总价值为$V(X)+V(Y)$，而收入$X+Y$的价值为$V(X+Y)$，由图可见$V(X)+V(Y)>V(X+Y)$。在实际生活中，老板给员工每月涨100元的工资比年底一次性涨1200元带给员工的心理愉悦感更多；送人礼物时，分开送也比一次性送多个更能够让对方心情愉悦。

（2）两笔“失”应合并。我们将两笔支出看作是“损失”，图2-1中，在价值曲线的第三象限，损失$-X$与$-Y$的价值分别为$V(-X)$和$V(-Y)$，合并后的损失$-X-Y$的价值为$V(-X-Y)$，可见$V(-X)+V(-Y)$的绝对值大于$V(-X-Y)$的绝对值，因此，对于个体而言，面对两笔损失，更偏好整合后的价值。例如在生活中，如果有两个或多个坏消息，应该一次性告知对方，因为，这比分开几次告知对方给对方造成的心理伤害要轻，正所谓“长痛不如短痛”。又比如，网购时“包邮”的商品比收运费对消费者具有更大的吸引力，尽管运费可能已经被商家加入到商品的价格中。

（3）“得”大“失”小应合并。对于一笔“得”X和一笔“失”$-Y$，如果得大于失，即$X>Y$，则应该将二者合并。例如，同样是两个消息，一个是大的好消息，另一个是小的坏消息，则要一起告知对方，这样大的好消息带给对方的正面效应会淹没小的坏消息带给对方的负面效应。

（4）“得”小“失”大应分情形而论。即如果小“得”与大“失”相差悬殊，就要分开。从图2-1中可以看出，$V(X)+V(-Y)>V(X-Y)$。例如，对于（20，-5000）的得失组合，人们更愿意分开估价，因为价值曲线在-5000元附近相对较平缓，20元的收益与5000元的损失相比几乎没有起到减少损失的作用，而如果分开估价，还能有20元收益的欣慰感。如果小“得”与大“失”相差不大，就应整合起来估价。例如，对于（20，-30）的得失组合，人们更偏好于整合价值，表现为 $V(X-Y)>V(X)+V(-Y)$。因为整合之后，人们会在心理上把30元的损失降低到10元（$-30+20$），即感觉损失降低。

塞勒进一步把以上四条规则进行概括：①分离收益；②整合损失；③将小损失与大收益整合；④将小收益于大损失中分离。以上心理账户的运算规则对于理解现实经济决策行为、制定相关政策建议具有重要的指导意义。

心理账户理论的出现，为人们理解现代经济生活中若干“谜”性问题打开了一扇重要的窗口，因此学术界对心理账户的研究也迅速开展。在心理账户理论产生后的十几年间，心理账户的概念被应用到了多个领域，并产生了相应的交叉理论。例如，行为生命周期假说（Behavior Lifecycle Hypothesis，BLH）和行为资产组合理论（Behavioral Portfolio Theory，BPT）就是将心理账户运用到居民消费和金融投资决策领域中而产生的成果。以下主要介绍行为生命周期假说，行为资产组合理论在第四章介绍。

四、心理核算账户在经济学理论中的应用
——行为生命周期假说

传统的生命周期假说假定个体的消费水平并不是由当期收入水平决定，而是取决于整个生命周期的持久收入。消费者的消费或储蓄决策是在既定预算约束条件下最大化其一生效用的结果。该预算约束意味着各种财富对消费的边际消费倾向没有区别，因此，各种财富可以相互替代。舍夫林和塞勒（Shefrin & Thaler，1988）① 将反映消费者的心理特征的三个因素，即自我控制（Self－Control）、心理核算（Mental Accounting）和心理构建（Framing）融入到生命周期假说中，提出了更为接近消费者现实行为的行为生命周期假说（Behavioral Life－Cycle Hypothesis）。该假说的核心假设：第一，消费者具有不完全理性特征；第二，不同类型的财富对于消费者来说是不完全替代的。

舍夫林和塞勒认为，自我控制可以通过消费者在消费决策过程的诱惑、内

① SHEFRIN H M，THALER R H. The Behavioral Life－Cycle Hypothesis［J］. Economic Inquiry，1988，26（4）：609－643.

在冲突和意志力三种心理状态之间的协调来理解。他们通过构建一个“双自我”模型说明上述三者之间的关系。具体内容：消费者自身由两个“自我”构成，第一个自我只关心即期消费，追求的是瞬时效用和即时享受，将其称为行动者（doer）；第二个自我只关心长期消费，追求的是长期效用最大化，将其称为计划者（planer）。在消费者进行消费决策时，面对消费的“诱惑”，由于行动者和计划者的目标不一致，二者必然会发生“内在冲突”，外在表现就是消费者进行消费决策时的纠结。计划者要想阻止或者降低行动者的消费，必须要使用“意志力”，而意志力的使用必然会有一定的心理成本，且这种心理成本会随着消费的减少而增加。可见，自我控制意味着消费者在进行消费时会有一个不可忽视的心理成本。基于以上分析，计划者要想实现长期效用最大化，就必须借助于心理核算账户，即会在三个账户之间进行资产的转换，以获得长期效用最大化。

对于第二条假设，卡尼曼和特沃斯基（1984）①、塞勒（1985）② 等认为为提高财富的使用效率，消费者内心均设有若干心理账户，并将不同的资产归入不同的账户中，且账户之间不可以无成本互转资产。不同账户的划分依据有以下三种：

第一，依据财富来源的不同进行划分，如工资、奖金、利息、股息、税收返还及意外之财等。每种财富都被消费者贴上固定的“标签”，并放入不同的心理账户。各种财富的边际消费倾向并不相同，如意外之财的边际消费倾向必定大于工资。

第二，依据财富用途的不同进行划分，如日常生活、子女教育、子女结婚、医疗保健及购房等。即消费者会将每种用途的财富“专款专用”，如一般情况下不会将用于子女教育的存款用于购买非生活必需品。

第三，依据财富诱惑程度的不同进行划分。舍夫林和塞勒（1988）在研究自我控制（self - control）和诱惑问题时，提出了心理账户系统（Mental Accounting

---

① KAHNEMAN, Tversky D A. Choices, Values, and Frames [J]. The American Psychologist, 1984 (4): 341 - 350.

② THALER R H. Mental Accounting and Consumer Choice [J]. Marketing Science, 1985, 4 (3): 199 - 214.

System）概念。他们指出，传统的消费理论假定以下四种资产的边际消费倾向完全相同：1000美元的奖金、1000美元的彩票中奖、1000美元的房产增值以及10年后一笔遗产的1000美元现值。然而，事实并非如此，舍夫林和塞勒按照各种资产的诱惑程度，将资产划分为三个部分：当前可支配收入（I）账户、当前资产（A）账户及未来收入（F）账户。

当前可支配收入账户的诱惑程度最高，因此，边际消费倾向也最高，几乎为1，主要包括现金、支票等；当前资产账户包括各种类型的资产，如储蓄、股票、债券、基金及房产等；未来账户主要包括各种未来可获得的财富，如养老金和预期遗产等，这部分收入的诱惑程度极低，其边际消费倾向也最低，几乎为0。因此，如果消费函数表示为$c=f(I, A, F)$，则各类型收入对消费的边际消费倾向有如下关系：

$$0\leqslant\frac{\partial c}{\partial F}<\frac{\partial c}{\partial A}<\frac{\partial c}{\partial I}\leqslant 1 \tag{2.18}$$

通过以上分析可知，如果消费者将资产从I账户转移至A账户甚至是F账户，则总体消费倾向必定会下降。这对于理解当前我国居民消费倾向的持续下降具有一定的启发性。

以上分类方式虽然在形式上不同，但却有相同的实质，即强调居民持有的各类型财富之间具有不可替代性。在实际应用中，由于第一种和第二种划分方法对财富的分类太过具体，受数据的限制应用很少；而第三种划分方式相对更容易测度，因此，成为研究中最常用的财富划分方式。

将心理学研究融入经济学中，开辟了经济学研究的一个全新视野。为表彰在行为经济学和实验经济学领域做出的开创性贡献，2002年的诺贝尔经济学奖授予了美国普林斯顿大学丹尼尔·卡尼曼（Daniel Kahneman）教授和美国乔治梅森大学的弗农·史密斯（Vernon Smith）教授。卡尼曼“把心理学研究的成果与经济学融合到了一起，特别是在有关不确定情形下人们如何做出判断和进行决策方面”；史密斯则“为经济学的经验分析，特别是对各种市场机制的研究，建立了一套实验室试验方法”。这些研究标志着行为经济学和实验经济学这些非主流的经济学研究已经得到了主流经济学的认可，并成为经济学研究领域一个令人瞩目的新方向。

在国内，周国梅和荆其诚（2003）[①]、张玲（2003）[②] 以及胡怀国（2003）[③] 等率先介绍了卡尼曼和史密斯的研究成果。随后，越来越多的国内学者开始关注并研究行为经济学和实验经济学领域。在心理核算账户方面，李爱梅和凌文辁（2004）[④] 系统地介绍了心理账户的概念及其运算规则，是国内关于心理账户较早的研究。李爱梅等（2007）[⑤] 的研究表明，中国人的心理账户系统有一个相对稳定的"3—4—2"分类结构，即收入账户分为"工作相关的常规收入""非常规的额外收入"和"经营收入"三个账户；消费开支账户有"生活必需开支""家庭建设与个人发展开支""情感维系开支"和"享乐休闲开支"四个账户；存储账户有"安全型保障账户"和"风险型存储账户"。

五、双曲贴现模型

新古典消费理论有关跨期决策的各消费模型中，均假定时间偏好率并不随时间的变化而变化。其中应用最广的是塞缪尔森（Samuelson，1937）[⑥] 提出的指数贴现函数，其形式：$D(t)=(1+\delta)^{-t}$，$0<\delta<1$ 为贴现率。塞缪尔森创造性地将时间偏好思想引入跨期效用分析中，由于其形式简单，并与复利计算过程严格吻合，极大地简化了跨期效用的计算，因而成为新古典效用理论中广泛应用的重要工具。然而斯特罗茨（Strotz，1956）[⑦] 通过研究发现，消费者对近期跨期选择的时间偏好要甚于远期。因此，具有固定贴现率的指数贴现函数形式是不适用的。

---

① 周国梅，荆其诚．心理学家 Daniel Kahneman 获 2002 年诺贝尔经济学奖［J］．心理科学进展，2003（1）：1－5.

② 张玲，心理因素如何影响风险决策中的价值运算？——兼谈 Kahneman 的贡献［J］．心理科学进展，2003（3）：274－280.

③ 胡怀国．2002 年度诺奖得主卡尼曼和史密斯及其对心理和实验经济学的贡献［J］．社会科学家，2003（3）：27－33.

④ 李爱梅，凌文辁．心理账户的非替代性及其运算规则［J］．心理科学，2004（4）：952－954.

⑤ 李爱梅，凌文辁，方俐洛，肖胜．中国人心理账户的内隐结构［J］．心理学报，2007（4）：706－714.

⑥ SAMUELSON. A Note on Measurement of Utility［J］. Review of Economic Studies，1937（4）：155－161.

⑦ STORZ R. Myopia and inconsistency In Dynamic Utility Maximization［J］. Review of Economic Studies，1956（23）：165－180.

为此，许多行为经济学家提出了不同的贴现函数形式，用以对贴现率随时间递减的特性进行模拟。其中，钟和赫恩斯坦（Chung & Herrnstein，1967）①、赫恩斯坦（Herrnstein，1961）②、普雷莱茨和洛文斯顿（Prelec & Loewenstein，1991）③提出的贴现函数形式分别为 $D(t)=1/t$，$D(t)=(1+\alpha t)^{-1}$和 $D(t)=(1+\alpha t)^{-\frac{\gamma}{\alpha}}$，其中 $\alpha>0$，$\gamma>0$。根据 Prelec（1989）④ 利用贴现函数的弹性 $-\dot{D}(t)/D(t)$表示时间偏好率的思路，可知以上四个贴现函数的时间偏好率分别表示如下：

$$-\frac{\partial(1+\delta)^{-t}}{\partial t}/(1+\delta)^{-t}=\ln(1+\delta)\approx\delta \tag{2.19}$$

$$-\frac{\partial(1/t)}{\partial t}/(1/t)=1/t \tag{2.20}$$

$$-\frac{\partial(1+\alpha t)^{-1}}{\partial t}/(1+\alpha t)^{-1}=\alpha/(1+\alpha t) \tag{2.21}$$

$$-\frac{\partial(1+\alpha t)^{-\frac{\gamma}{\alpha}}}{\partial t}/(1+\alpha t)^{-\frac{\gamma}{\alpha}}=\gamma/(1+\alpha t) \tag{2.22}$$

可见，指数贴现函数具有时间偏好率不随时间变化的特征，而其余三个贴现函数的时间偏好率则随时间递减，且递减的速度随时间逐渐放缓。由于后三个均属于双曲线型，因此，称为双曲贴现函数。

尽管用双曲贴现函数形式来模拟贴现率随时间递减的特性更加符合实际，然而，这样的贴现函数形式却使得跨期效用最大化无法求解，因此，在使用中受到限制。许多行为经济学家为此另辟蹊径，以寻求跨期最优的求解之道。

---

① CHUNG S，HERRNSTEIN R. Choice and Delay of Reinforcement［J］. Journal of the Experimental Analysis of Behavior，1967，10（1）：67－74.

② HERRNSTEIN R. Relative and Absolute Strength of Response as a Function of Frequency of Reinforcement［J］. Journal of Experimental Analysis of Behavior，1961（4）：267－272.

③ PRELEC D，LOEWENSTEIN. Decision Making over Time and under Uncertainty：A Common Approach［J］. Management Science，1991，37（7）：770－786.

④ PRELEC D. Decreasing Impatience：Definition and Consequences［J］. Harvard Business School Working Paper，1989.

第四节　经典消费理论述评及对本书研究的启示

不同的消费理论有其不同的产生背景，因而其前提假设、核心思想、基本论断等各有千秋。消费理论不分对错，每一种理论的问世都是提出者对当时、当地消费情形的高度合理概括，消费理论的更迭升级一方面反映了消费问题的复杂性，另一方面也表明了每一种消费理论也并非“放之天下而皆准”。任何理论的发现和发展都是在对实际问题的诠释中进行的，消费理论也不例外。以上消费假说由确定性到不确定性、由简单到复杂、由抽象到具体的演进路径，既体现了人们对居民消费问题认识层面上的逐步深化，同时，也说明很难有一种消费理论能够完美描述所有类型和全部历史阶段消费问题的复杂性。正是由于消费问题所固有的鲜明的时代特征以及个体、地区或国家间差异性，才激发了世界各国大批学者的研究兴趣。有关消费的经验事实研究不仅是对理论在实际问题中适用性的检验和验证，同时也是促使其不断逼近现实的重要助推器。

以上消费理论均产生于市场经济高度发达、各项制度完善成熟的西方国家。而中国有着不同于西方国家的特殊国情，主要体现在几方面：第一，中国缺乏成熟的消费信贷市场，居民的社会保障程度普遍偏低，因此，信贷约束、预防性储蓄动机对消费的影响应该比发达国家大得多。第二，中国正处在经济转型时期，并且改革进程具有不确定性，人们因此很难或不可能对其一生收入做出可靠预期。也就是说，消费者跨时预算的时间长度是有限的。第三，经济转轨以来的各种体制改革，如医疗、养老、教育、住房等使居民在消费过程中面临更多不确定性。特别是针对城镇居民的一系列医改政策的出台和实施以及我国就医领域中一些市场乱象，使得城镇居民的医疗负担沉重，从而导致其消费行为愈发谨慎。第四，中国经济具有明显的二元经济结构特征。中国农民从来没有端过铁饭碗，也未享受过公费医疗、退休金等待遇。这种现象一方面表明城乡居民的消费行为存在很大差异，另一方面还意味着经济体制改革对农村居民的影响小于对城镇居民的影响。这样，在运用西方消费理论研究中国居民的消费问题时，要充分考虑中国国情的特殊性，这样的研究结论才是“脚踏实地”的，才是合理可靠的。

鉴于以上分析，确定本书的研究思路有以下几方面。

一、研究主线

我国特有的经济制度、历史沿革使得居民消费支出面临更多的主观、客观不确定性。因此，居民消费支出的“不确定性”是本书的研究主线。而医疗制度改革的深入，将公费医疗制度彻底踢出历史舞台，并且，随着居民生活水平的提高，健康意识和医疗意识的不断提升，使得覆盖广度和深度不断加大的医改始终无法跟上居民医疗负担的脚步。因此，医疗支出的不确定性是这条“主线”的重要路标和行进方向。

二、研究范围

我国固有的二元经济结构特征造就了城乡居民消费的迥然差异性，而城镇居民消费所处的不确定性环境较农村居民更为复杂。数据显示，我国居民消费中70%以上为城镇居民，同时，随着城乡一体化进程的加快，城镇居民对农村居民的消费越来越具有示范和带动作用。因此，城镇居民消费水平的提高对于扩大内需具有举足轻重的作用，这也是本书的研究范围。

三、主要理论依据

缓冲储备理论认为，谨慎和缺乏耐心的消费者将储蓄视作一种缓冲储备，当预期未来生活状况好转时，消费者会增加当前消费，降低储蓄；而当预期未来生活状况不好时，消费者就会降低当前消费，增加储蓄，以便在未来遇到突发事件时起到缓冲的作用。

医疗支出的不确定性引起预防性储蓄是本书的一个核心假设，而近两年来异军突起的互联网金融“抢钱大战”无疑会改变城镇居民的财富累积模式，居民储蓄的目的除了应对包括医疗支出在内的各种不确定性之外，还额外收获投资收

益，这使得城镇居民的消费意愿进一步降低。缓冲储备理论是预防性储蓄理论的重要拓展，其对居民预防性储蓄的形式进行了更加细致的刻画，即不确定性首先影响居民的财富积累程度和积累模式，其次影响消费。众多国内研究也表明，基于缓冲储备理论研究我国城乡居民的预防性储蓄行为是合适的，只是需要对模型本身进行适当的扩展，主要是在收入不确定性的基础上，加入反映我国特殊国情的支出不确定性，即重点研究医疗支出不确定性对我国城镇居民消费的影响，因此，考虑医疗支出不确定性的缓冲储备模型是本书的主要理论依据。

缓冲储备理论中有关谨慎和不耐心程度，事实上是消费者的两种心理状态。因此，本书还将进一步运用心理核算账户的概念对缓冲储备模型研究结论从心理层面上予以解释，从而完成本书的经验分析。

四、数据基础

消费既是宏观问题，也是微观问题，但归根结底是微观问题，是千千万万个消费者个体或家庭在结合自身各种外在和内在约束条件下做出的决策行为。消费理论中的效用函数也是对消费者个体而言的。因此，研究居民消费问题的数据基础理所当然是微观数据。幸运的是，目前我国关于家庭收支情况的大型调查数据库不在少数。本书选择北京大学中国社会科学调查中心的 CFPS（China Family Penal Studies，中国家庭追踪调查）数据作为本书主要的数据基础，用于在缓冲储备模型框架内研究我国城镇居民的消费行为。

五、逻辑框架

基于以上分析，本书将通过搭建“宏观数据发现问题—微观数据挖掘信息—心理层面解释”三位一体的经验分析框架，沿着医疗支出不确定性—转化为各类资产（即缓冲储备行为）—消费需求不足的思路研究我国城镇居民的消费行为问题。

第三章
我国城镇居民消费典型事实分析

居民消费不足的现实背景是本书研究的出发点。围绕如何扩大我国城乡居民消费的议题是越来越多学者所关心和研究的领域。随着市场经济体制的实施和完善，国家在工资分配制度、住房制度、失业及养老保险制度、教育体制等方面的改革全面推开，我国的经济形势也发生了根本性的变化，宏观经济总量中居民消费、城镇居民人均消费支出及消费结构都发生了巨大的变化。

本章以我国总量消费及城镇居民消费的宏观数据入手，开启本书“宏观—微观—心理”三位一体的经验分析，为后续章节的研究奠定宏观背景基础。

第一节　总量消费、消费率及国际对比

一、宏观消费总量及其对经济总量的贡献率和拉动作用

从支出角度看，我国 GDP 由最终消费支出（包括居民消费支出和政府消费支出）、资本形成总额（包括固定资本形成总额和存货增加）及货物和服务净出口总额三部分构成（见图 3 –1）。改革开放以来，现价计算的 GDP 由 1978 年的

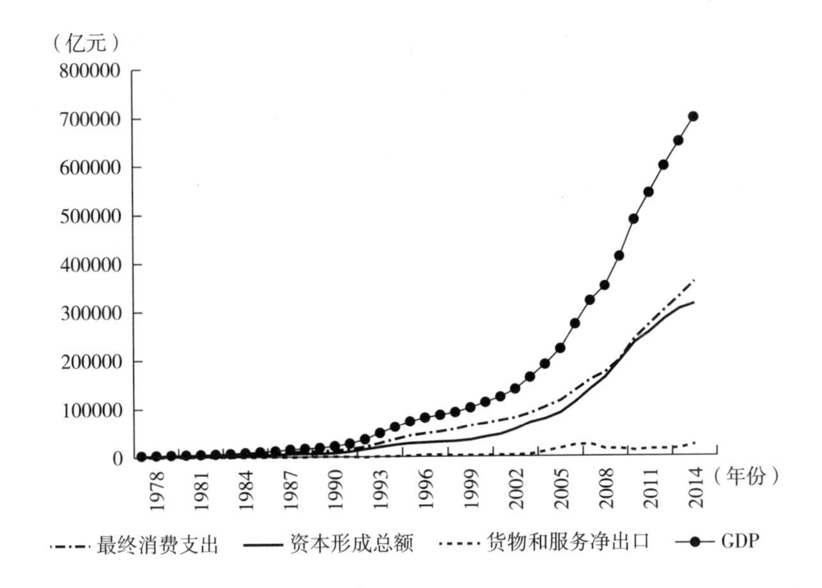

图3-1　支出法GDP及构成

数据来源：万德资讯。

3634.1亿元增加至2016年的746314.9亿元，消除物价变动（用GDP指数平减）后，增加了30.21倍。最终消费支出和资本形成总额分别由1978年的2232.90亿元和1412.70亿元增加至2016年的400175.6亿元和329727.3亿元，消除物价上涨因素（用1978=100的CPI平减）后，分别增长了26.17倍和36.02倍。可见，改革开放以来，资本形成总额的增长幅度超过最终消费增长幅度近10个百分点。计算历年最终消费、资本形成总额以及货物和服务净出口对GDP的贡献率和拉动，如图3-2和图3-3所示。可见，货物和服务净出口对GDP的贡献率在0上下波动，而最终消费和资本形成总额对GDP贡献率的趋势总体上正好相反，前者波动下降且波动幅度较小，后者波动上升但波动幅度较大。同时，最终消费对GDP的贡献率由1979年的77.78%降低到2003年的历史最低值33.98%，随后，在中央一系列扩大内需的政策作用下开始出现反弹，至2016年增加至82.37%，2017年略有下降，为53.52%。投资对GDP的贡献率则由1979年的24.14%增加至2003年的66.82%，随后有所回落，但在国际金融危机后的2009

年，由于外需受挫，消费需求疲软，GDP 主要由投资带动，其贡献率高达 79.72%，随后逐年降低，至 2015 年降至后金融危机以来的最低值 20.95%，随后两年再次上升，2017 年达 47.42%。从图 3－3 中可以看出，GDP 增速与资本形成总额对 GDP 的拉动波动趋势高度一致，且在 2000 年之前的大部分年度里，资本形成总额对 GDP 的拉动基本都小于最终消费以及居民消费对 GDP 的拉动，但在 2000 年以后，投资与消费对 GDP 的拉动出现“翻转”，投资对 GDP 拉动作用明显高于最终消费。

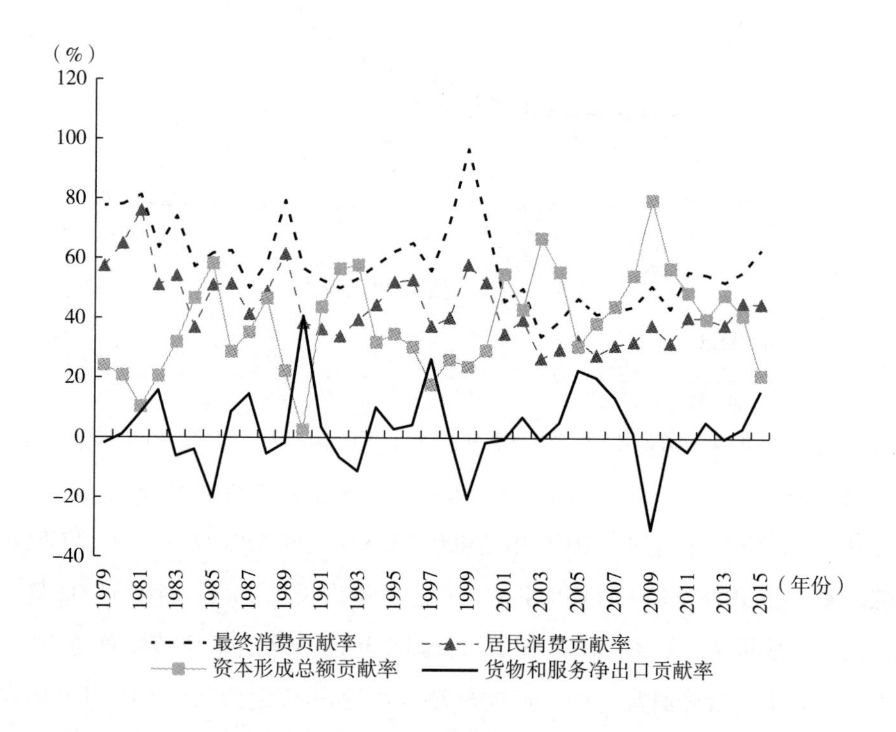

图 3－2　支出法各组成部分对 GDP 的贡献率

数据来源：万德资讯。

最终消费由政府消费和居民消费构成，政府消费在很大程度上外生于经济系统，真正能够反映民众生活水平高低的指示性指标是居民消费水平。由图 3－2 和图 3－3 也可以看出，无论是对 GDP 的贡献率还是拉动，最终消费与居民消费的走势都基本一致，且在时间上具有恒定不变的差距，进入 2000 年以来，居民

消费对 GDP 的贡献和拉动远远低于投资，投资拉动型的经济增长特征明显，居民消费持续低迷。

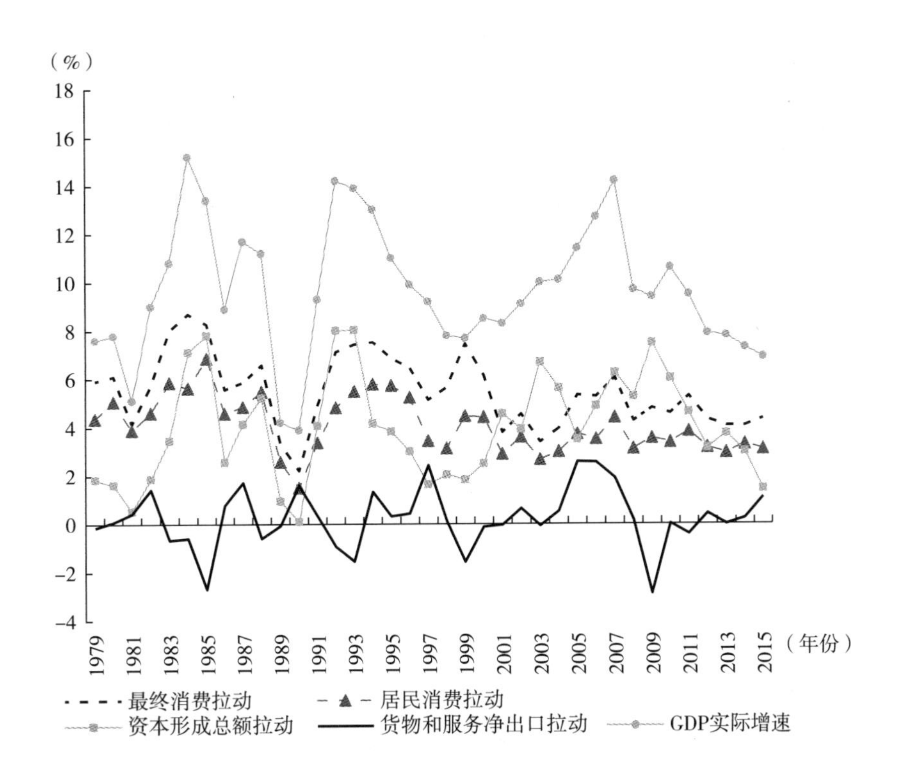

图 3－3 支出法各组成部分对 GDP 的拉动

数据来源：万德资讯。

2013 年之后，在新一届党中央领导集体“稳增长、调结构、促改革”的总体发展框架下，投资拉动型经济发展特征逐步淡化，投资对 GDP 的贡献率以及拉动开始下降，2014 年开始低于居民消费对 GDP 的贡献率和拉动。

二、最终消费率、居民消费率及其国际对比

GDP 中最终消费部分所占的比重称为最终消费率；同理，居民消费占 GDP 的比值称为居民消费率。居民消费率反映了居民消费对经济总量贡献的大小，也

是所谓“内需不足”的最重要方面。以下就改革开放以来我国最终消费率及居民消费率进行简要描述，同时与世界部分国家进行对比，以揭示我国居民消费需求的特征。

我国最终消费率及居民消费率的趋势如图 3－4 所示。从总体上来看，我国最终消费率及居民消费率呈下降趋势，特别是进入 2000 年之后，下降趋势更加明显，但从 2011 年开始有缓慢回升态势。居民消费率由改革开放之初的 50% 以上持续下降至 2008 年 36.05% 的历史最低值，随后在一系列宏观政策的刺激下开始反弹，至 2016 年上升至 39.21%。

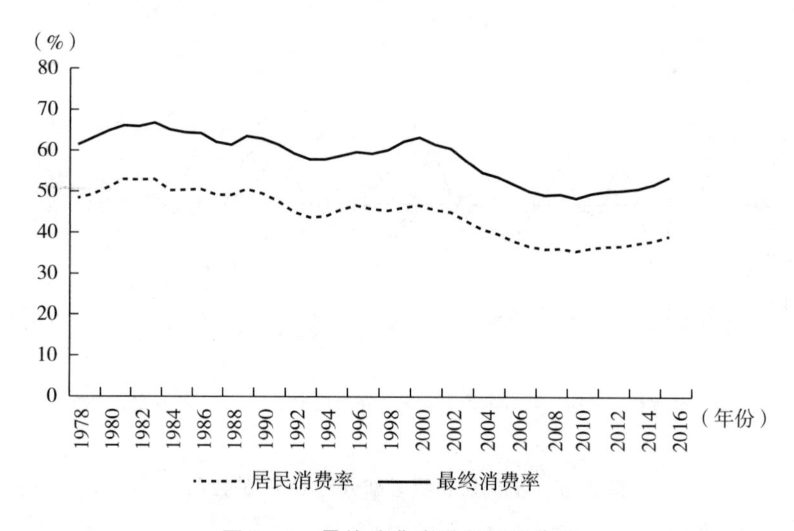

图 3－4　最终消费率及居民消费率

数据来源：万德资讯。

36.05%～50% 的居民消费率是什么概念？本书通过与部分国家和地区居民消费率的对比予以揭示。搜集美国、英国、日本、加拿大、韩国、中国香港、印度、巴西以及欧元区等国家和地区的相关数据，计算各国和地区的居民消费率并绘图（见图 3－5）。

观察图 3－5 可见，第一，1978 年以来，以上部分国家和地区的居民消费率走势分为三种情形：其一为逐年递增型，包括美国、英国、中国香港、印度和巴西；其二为稳定型，包括欧元区、德国和日本；其三为逐年递减型，包括韩国与

中国。第二，中国的居民消费率下降幅度很大，虽然在 2008 年之后有所反弹，但与世界部分国家及地区对比，2016 年中国的居民消费率（39.21%）不仅远低于美国（68.84%）、英国（63.11%）、日本（55.69%）、德国（53.26%）、韩国（53.26%）、中国香港（66.23%）、欧元区（54.60%）等世界主要发达国家和地区，也远低于印度（59.94%）和巴西（64.02%）等发展中大国。由于我国经济总量已列居世界第二位，而居民消费率长期低于其他国家，这反映了我国居民消费需求严重不足的尴尬处境。

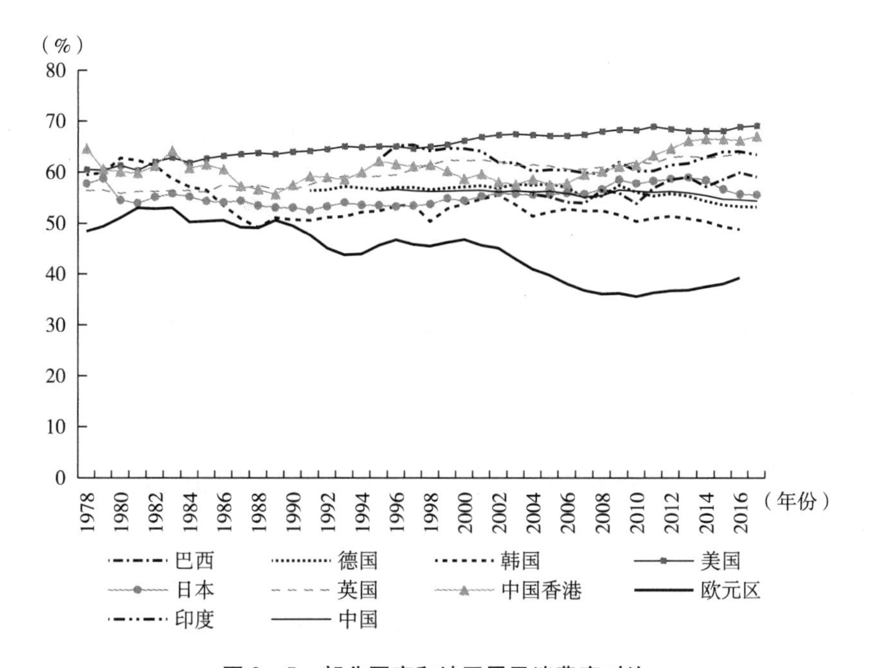

图 3－5　部分国家和地区居民消费率对比

数据来源：万德资讯。

以上从宏观总量角度分析了改革开放以来我国 GDP 及其组成部分，特别是居民消费以及居民消费率的走势特征，并与世界部分国家和地区对比了居民消费率的差异。由分析得出结论，总体上说，消费对 GDP 的贡献不足，且具有持续下降的趋势，但 2000 年之后具有回暖态势。但是与世界主要发达国家和地区相比，我国的消费率不仅严重偏低，而且总体上也呈下降趋势，因此，尽快扭转这一局势已经刻不容缓。

第二节 城镇居民消费性支出统计描述

1978 年，随着改革开放政策号角的吹响，“一个中心，两个基本点”的经济发展政策在我国逐步推开。在城市，以“放权让利”为核心的经济体制改革大大解放了生产力，经济增长速度迅速提高，各项经济指标出现了大幅度的转折性增长。居民的生活水平和生活质量也得到了显著的提升，作为真正反映居民生活水平的居民消费支出水平，增长势头也空前强劲。我国最终消费中 70% 以上来自居民消费，而居民消费中的 70% 以上为城镇居民消费。同时，随着城乡一体化进程的加快，城镇居民对农村居民的消费越来越具有示范和带动作用。全面揭示我国城镇居民消费特征的趋势及现状，有利于挖掘居民消费需求特别是城镇居民消费需求不足的深层次原因，对于据此找出改善和提高居民消费需求的突破口具有重要的参考意义。

一、城镇居民消费性支出及平均消费倾向分析

搜集改革开放以来全国城镇居民人均消费性支出和人均可支配收入数据并绘制线形图（见图 3－6）。观察二者的增长趋势[①]。

由图 3－6 可见，改革开放以来，我国城镇居民人均可支配收入及人均消费性支出都得到了大幅度增长。人均可支配收入由 1980 年的 477.60 元增加到 2017 年的 36396 元，扣除物价上涨因素[②]，实际上涨了 14.95 倍，年均增长速度为

① 数据来源于万德资讯。由于该数据库缺少 1979 年全国城镇居民人均消费性支出数据，考虑去掉该年度之前的数据对本书没有实质性影响，因此仅绘制 1980～2017 年的图形；从 2013 年起，国家统计局开展了城乡一体化住户收支与生活状况调查，2013 年以后数据来源于此项调查。该调查与 2013 年前的分城镇和农村住户调查的调查范围、调查方法、指标口径有所不同。具体到城镇居民人均可支配收入和人均消费支出等指标方面，由于用于平均的分母增加（调整为城镇常住人口，即包括具有城镇户籍的人口以及在城镇居住时间超过半年的农民工），多数城镇居民收支类指标在 2014 年均有不同程度的下降。

② 以 1978 年为 100 的城市 CPI 进行平减。

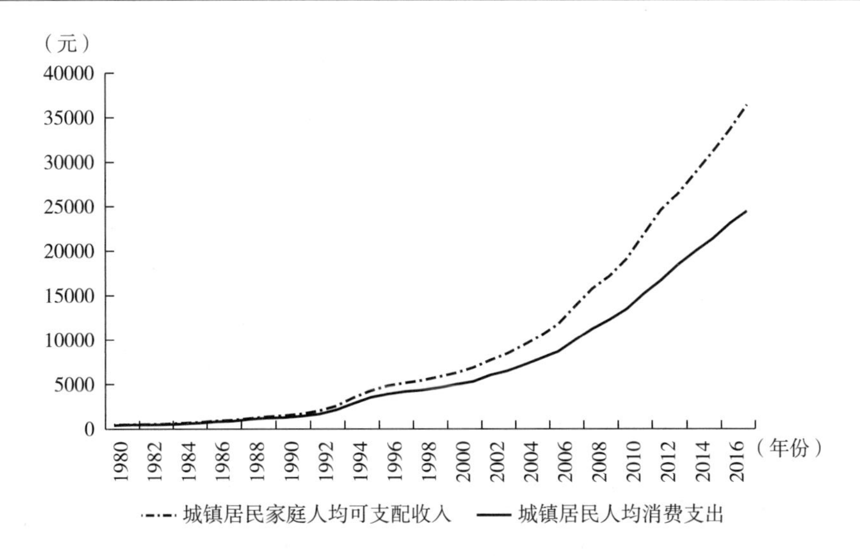

图3-6　我国城镇居民名义人均消费性支出及名义人均可支配收入

数据来源：万德资讯。

7.18%；人均消费性支出则由1980年的412.44元增加到2017年的24455元，扣除物价上涨因素，实际上涨了9.68倍，年均增长速度为6.43%，小于人均可支配收入增速近1个百分点。实际人均可支配收入与实际人均消费性支出如图3-7所示，由图可见，我国城镇居民人均可支配收入与人均消费性支出之间的差距也越来越大，图3-8为二者之差，可见其走势呈指数曲线递增趋势，且在1998年前后该曲线走势发生结构性变化。在1998年之前的20年，收入消费差增长比较缓慢，年均增长速度为9.76%，而1998年之后的不到20年，大量职工下岗，经济、社会等各种不确定性因素的增加，使得实际收入和消费之差年均增长速度高达10.68%。

进一步计算城镇居民平均消费倾向，如图3-9所示。在改革开放的前10年，由于各项制度政策更迭，城镇居民对未来的预期不确定，消费性支出占可支配收入的比重即平均消费倾向呈波动平稳发展态势。在随后的10多年间，由于改革已属于不可逆转的潮流，改革的思想逐步被民众接受和认可，居民在预期支出增加、预期收入不确定的背景下，消费变得越来越谨慎，因此从1988年开始，消费性支出占可支配收入的比重即平均消费倾向直线下降。1998年以后，随着

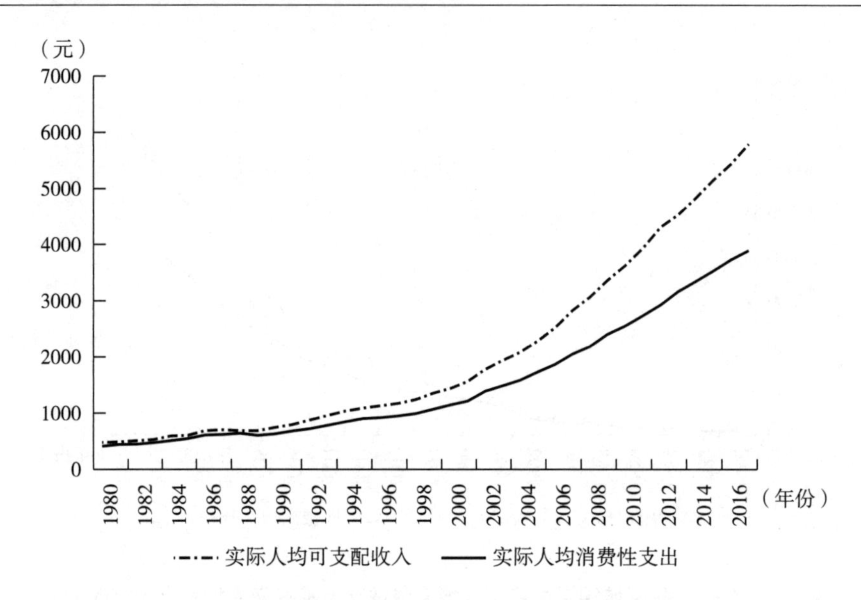

图3－7　我国城镇居民实际人均消费支出及实际人均可支配收入

数据来源：万德资讯。

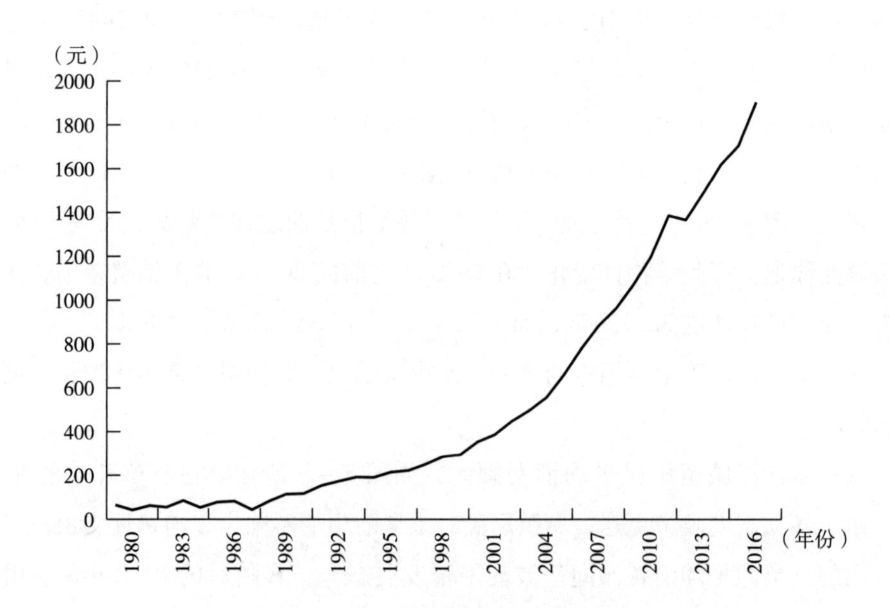

图3－8　我国城镇居民人均可支配收入与人均消费支出之差

数据来源：万德资讯。

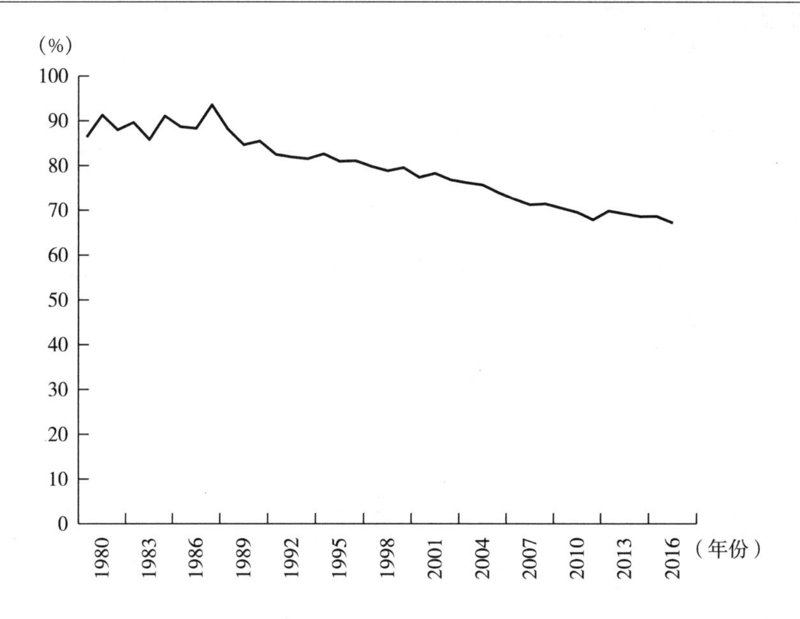

图 3－9　我国城镇居民平均消费倾向

数据来源：万德资讯。

国际国内经济趋势整体疲软以及我国住房、医疗、教育等一系列改革措施的实施，城镇居民的预防性储蓄动机进一步增强，城镇居民平均消费倾向呈加速下降趋势。

二、城镇居民边际消费倾向分析

从定义上来看，边际消费倾向是消费支出的增量与收入增量之比，但是当消费的增量大于收入的增量时，这一比值就大于 1，这与经济学中边际消费倾向小于 1 的假设相违背。因此，边际消费倾向的计算通常都采用估计以下简单线性回归模型的系数 β_1 来获取。

$$Y_i = \beta_0 + \beta_1 X_i + \mu_i \tag{3.1}$$

式中，Y_i 为居民消费性支出，X_i 为居民可支配收入。

本书采用该方法，搜集 2003～2016 年我国 31 个省、市、自治区的城镇居民消费性支出及可支配收入数据，首先，采用普通最小二乘法分别在各年度估计模型（3.1），经检验2007年、2008年的模型存在异方差性，因此，改用加权最小二乘法重新估计。所得参数估计量$\hat{\beta}_1$即为各年度我国城镇居民的边际消费倾向。各年度模型估计结果的拟合优度系数在0.8381～0.97，拟合程度较高；截距项β_0和斜率系数β_1显著性检验T统计量的P值均为0，因此，认为模型参数显著不为零，模型结果可信，估计得出的样本回归方程可由式（3.2）统一表示：

$$\hat{Y}_i = \hat{\beta}_0 + \hat{\beta}_1 X_i \tag{3.2}$$

各年度估计结果及相关检验统计量如表3－1所示。

表3－1　我国城镇居民边际消费倾向估计结果

年度	$\hat{\beta}_0$	$\hat{\beta}_1$	T统计量	P值	R^2
2003	238.4742	0.7468	23.2650	0.0000	0.9491
2004	201.3085	0.7471	23.6797	0.0000	0.9508
2005	346.0459	0.7284	25.2422	0.0000	0.9564
2006	281.4993	0.7145	31.3952	0.0000	0.9714
2007	830.8717	0.6605	12.9520	0.0000	0.8526
2008	839.7122	0.6568	17.6072	0.0000	0.9144
2009	755.0114	0.6681	21.6019	0.0000	0.9414
2010	704.8237	0.6676	19.9213	0.0000	0.9319
2011	1104.8710	0.6438	21.7949	0.0000	0.9424
2012	1706.8650	0.6089	18.8087	0.0000	0.9242
2013	1579.3320	0.6601	13.1218	0.0000	0.8558
2014	2221.6650	0.6378	12.4924	0.0000	0.8432
2015	2683.2540	0.6206	12.3841	0.0000	0.8409
2016	3691.7050	0.5955	12.2557	0.0000	0.8381

由表3－1可以看出，我国城镇居民的自发性消费$\hat{\beta}_0$和边际消费倾向$\hat{\beta}_1$在时间上的走向正好相反，即自发性消费$\hat{\beta}_0$呈逐年递增趋势，而边际消费倾向$\hat{\beta}_1$则

呈逐年递减趋势。当然，自发性消费的逐年递增一方面表明我国城镇居民的基本消费需求在逐年增加；另一方面，由于本书并没有剔除物价的影响，因此，这种递增包含物价上涨的因素。

值得注意的是，边际消费倾向代表了收入增加的部分中消费的增加所占的比重，因此，不用消除物价影响各年的数据也具有可比性。观察表 3 – 1 中各年边际消费倾向的估计值，可以看出呈现显著的逐年递减趋势，由 2003 年的 0. 7468 下降至 2016 年的 0. 5955，即城镇居民可支配收入每增加 1 元，用于消费的部分平均增加约 0. 6 元，剩余部分则用于储蓄。城镇居民“钟情于”储蓄的背后必然有方方面面的原因，因此，寻找这些原因，对于尽快扭转居民消费低迷这一趋势具有重要的现实意义。

以上分别从总量和人均意义上分析了我国城镇居民消费的现状特征，结果表明，我国的最终消费率、居民消费率、城镇居民的平均消费倾向以及边际消费倾向均呈现随时间逐年下降的趋势；同时，我国的居民消费率也显著低于世界主要国家和地区。居民消费性支出包含了消费者的吃、穿、住、用、行等各个方面，按照国际上的统一分类标准，居民消费性支出可分为食品、衣着、居住、家庭设备用品及服务、医疗保健、交通通信、文教娱乐以及其他支出八大组成部分，不同的组成部分反映了消费者不同方面的消费需求。本章下一节就我国城镇居民消费的各个组成部分及其所占比重进行详细分析。

第三节　城镇居民消费结构分析

消费结构是指在一定社会经济条件下，人们所消费的各种不同类型的消费资料（包括服务）之间的比例关系①。按照标准的统计分类，以下分别将对食品、衣着、家庭设备用品及服务、医疗保健、交通通信、教育文化娱乐服务、居住以及杂项商品与服务支出进行描述分析。由于从 2014 年开始，我国城乡消费统计

---

① 尹世杰. 当代消费结构词典［M］. 成都：西南财经大学出版社，1991.

口径发生了变化，因此，以下有些部分数据在该年度发生较大的变化，其中，城镇居民居住消费支出及其结构变化最为显著，原因是增加了自有住房折算租金所致。

一、食品消费支出及结构变化分析

从绝对数来看，我国城镇居民食品消费支出呈快速增长趋势，从 1981 年的 258.84 元增加到 2017 年的 7001 元，增加了 26.05 倍，扣除物价因素，实际增加了 3.16 倍。从图 3 – 10 中也可以清楚地看出，1981 ~ 1992 年，与城镇居民人均消费性支出类似，食品消费支出增长较为缓慢。这是由于这一时期粮食相对短缺，农副产品种类较少，且城镇居民完全凭票购买粮食和副食，其消费支出在全部食品消费支出中的占比在 70% 以上。因此，这一时期食品消费支出并未能够体现城镇居民对食品的真正需求。1993 年，随着社会主义市场经济体制号角的吹响，全国绝大多数省份在这一年放开了粮食价格，并取消了粮票的流通，因此，从 1993 年开始，城镇居民食品支出迅速增加，但在 1997 ~ 2000 年，食品消费支出基本没有变化。从 2001 年开始，伴随着居民消费的快速增长，食品消费支出也进入快速增长阶段。

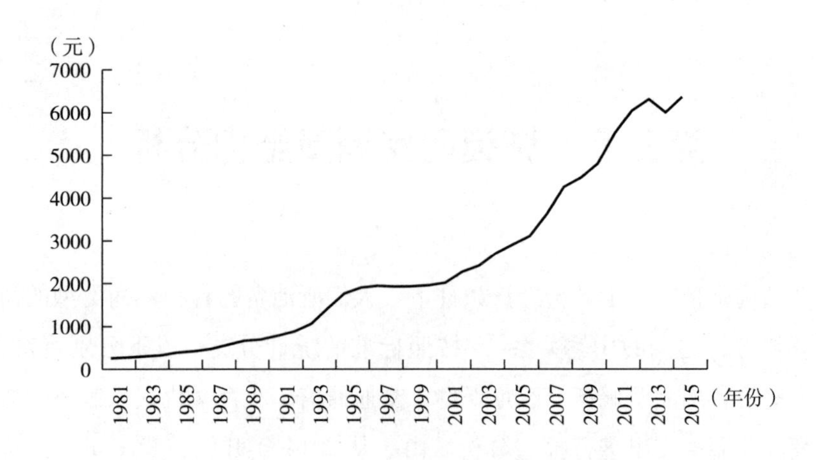

图 3 – 10　城镇居民食品消费支出

数据来源：万德资讯。

从相对指标看，我国城镇居民食品消费支出比重（即恩格尔系数）总体上呈下降趋势（见图3－11），表明城镇居民生活水平逐年提高。1981年，城镇居民恩格尔系数为56.66%，属于温饱阶段①，实行社会主义市场经济体制后的1994年下降至49.89%，表明城镇居民开始进入小康阶段；2000年，恩格尔系数进一步降低至39.18%，城镇居民生活水平进入富裕阶段。

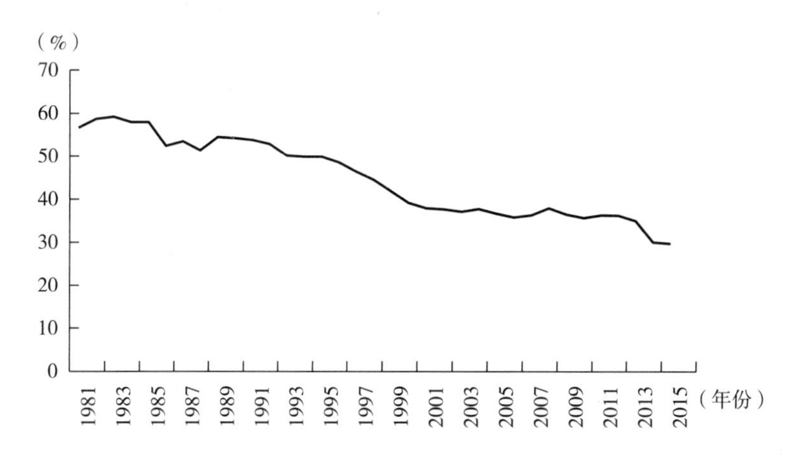

图3－11　城镇居民恩格尔系数

数据来源：万德资讯。

二、衣着消费支出及结构变化分析

从绝对数来看，衣着消费支出呈曲线增长趋势（见图3－12）。1981～2017年，我国城镇居民人均衣着消费支出呈现出“两升两降”的变化。其中，1981～1992年，衣着消费支出从67.56元增加到235.41元，增加了167.85元，平均每年增加15.26元；1993～1996年，人均衣着消费支出加速增长，从1993年的300.61元增加到1996年的527.95元，增加了227.34元，平均每年增加75.78元。这段时间衣着消费快速增长的主要原因是城镇居民工资大幅度提高，且通货

① 国际上通常用恩格尔系数反映国民生活水平的高低，即恩格尔定律：恩格尔系数在60%以上表示贫困；50%～60%表示温饱；40%～50%表示小康；20%～40%表示富裕；20%以下为最富裕。

膨胀程度较高。1996 年之后，人均衣着消费经历了短暂的下降，到 1999 年降低至 482.37 元。随后从 2000 年迅速增长，进入第二个增长期，至 2013 年达到 1902.02 元，比 2000 年增加了 1401.56 元，年均增加 107.81 元。2014 年有所下降，但可能是由于统计口径发生变化，用于计算平均衣着消费的分母增加所导致。扣除物价上涨因素，1981～2003 年，我国城镇居民衣着消费呈现快速增加趋势，从 67.56 元增加至 287.98 元，增加了 220.42 元，平均每年增加 6.48 元。

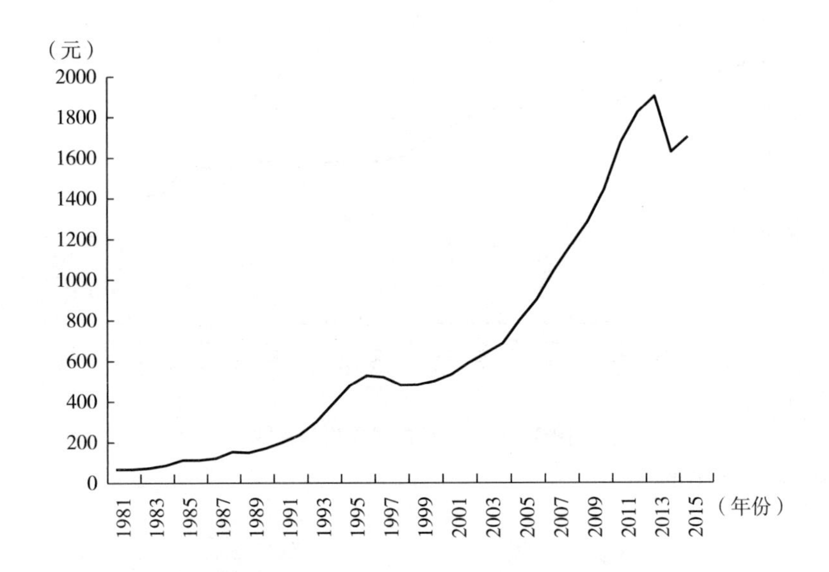

图 3－12　城镇居民人均衣着消费支出

数据来源：万德资讯。

从衣着消费支出比重上看，与恩格尔系数类似，随着城镇居民收入水平的提高，居民对吃穿等基本生存资料的需求逐步下降，其他消费品的消费支出比重不断增加，因而衣着消费支出比重也呈递减趋势（见图 3－13）。由图可见，从 1981 年的 14.79% 下降至 2017 年的 7.19%，下降了 7.6 个百分点，平均每年下降 0.21 个百分点。这种下降过程又可以分为“三升三降”几个时期：1981～1985 年，是第一个上升时期，衣着消费比重从 14.79% 提高至 16.68%，提高了 1.89 个百分点，平均每年提高 0.47 个百分点；1985～1989 年是第一个下降阶段，衣着消费比重从 18.68% 下降至 12.32%，下降了 4.36 个百分点，平均每年

下降1.09个百分点；1989～1993年，衣着消费比重重新呈现出上升趋势，从12.32%提高到14.24%，提高了1.92个百分点，平均每年增加0.48个百分点。从1993年开始城镇居民衣着消费进入长时间的下降趋势，到2004年这一比重降低到9.56%，随后缓慢上升至2011年的11.05%，之后重新开始下降。

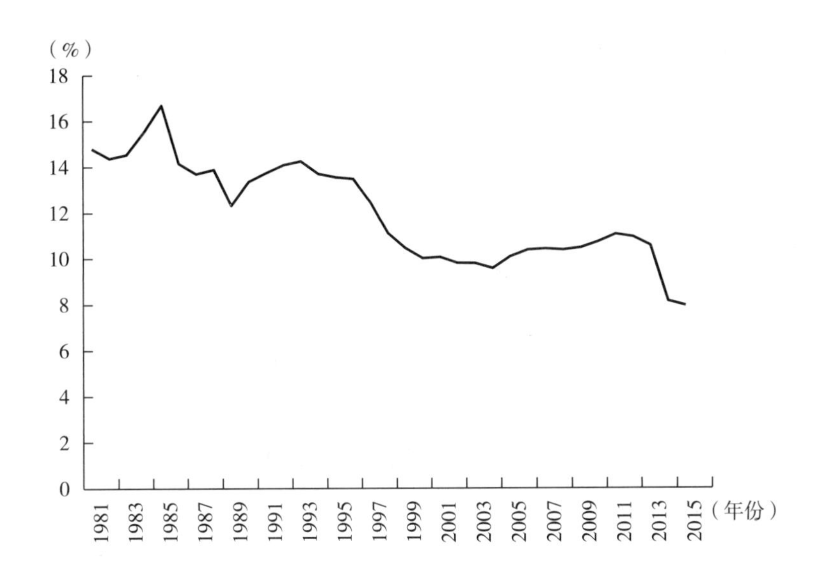

图3－13　城镇居民衣着消费比重

数据来源：万德资讯。

三、家庭设备用品和服务消费支出及结构变化分析

从消费支出绝对数上看，城镇居民家庭设备用品及服务消费支出总体上呈增加趋势（见图3－14），从1981年的43.68元增加至2017年的1525元，增加了1481.32元，扣除物价上涨因素，实际增加了5.06倍。在整个变化过程中，可以分为以下五个阶段：

第一阶段：1981～1988年，为上升阶段，由1981年的43.68元增至1988年的166.23元，增加了122.55元，扣除物价因素，实际增长了1.27倍。其原因是20世纪80年代初的城市改革，使压抑了几十年的城镇居民消费热情被突然释放出来，消费选择第一次由被限制变得自由，城镇居民消费热情空前高涨，甚至出现了“抢购风潮”，直到1988年达到高潮。

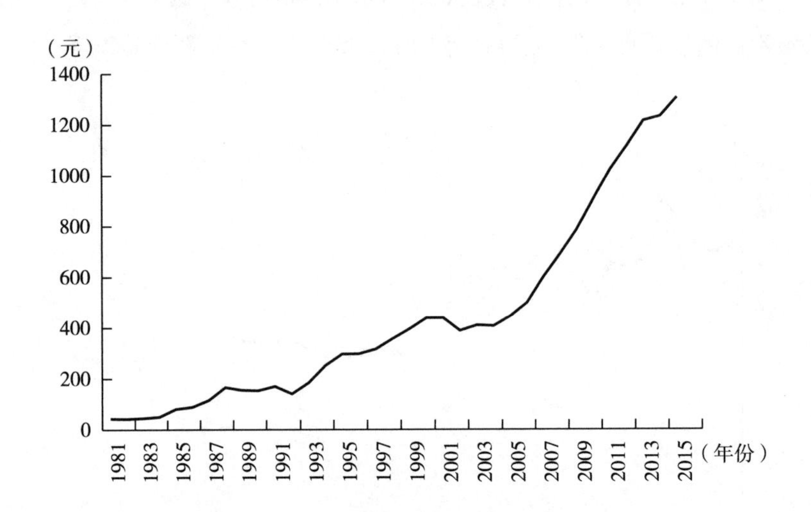

图3－14　家庭设备用品及服务消费支出

数据来源：万德资讯。

第二阶段：1988～1992年，为下降阶段，从166.23元下降到140.68元，消除物价上涨因素实际下降了32.67元。继“抢购风潮”之后，随着国家对消费政策的调整，居民自身的消费心理也日渐成熟和理性化，消费热情逐渐降温；再加上前一段时间居民对家庭设备及用品的购买达到饱和，且尚在其使用寿命之内，因此，对其进一步需求有所降低。

第三阶段：1992～2000年，为上升阶段，由140.68元上升到了439.29元，增加了298.61元，消除物价上涨因素，实际增加了36.65元，增加了0.43倍。随着市场经济体制时代的到来以及1993年开始的城市工资分配制度改革，城镇居民的工资大幅度增加，因而，消费需求和消费支出再次提高。

第四阶段：2000～2004年，微弱下降阶段。由439.29元下降到2004年的407.37元。这一阶段正值国有企业改革攻坚时期，城市大量职工下岗，民众预期收入一度下降或不稳定，因此，影响了其对家庭设备用品的购买。

第五阶段：2004～2017年，快速上升阶段。从2004年开始，城镇居民家庭

设备用品及服务支出呈现急速上涨趋势，由 2004 年的 407.37 元增加至 2017 年的 1525 元，增长了 2.74 倍，消除物价上涨因素，实际增长了 1.4 倍。这期间的增长除了通货膨胀因素之外，一个主要的原因就是占比最大的耐用消费品成本下降，价格大幅下降，进一步激发了城镇居民的购买欲望。

从消费支出比重来看，城镇居民家庭设备用品及服务呈现先增加后下降的变化趋势（见图 3－15）。1981～1988 年，该项消费支出比重由 9.56% 上升至 15.06%，上升了 5.5 个百分点，与绝对数的增长趋势一致，这与上述所说的“抢购风潮”有关。自 1988 年开始，家庭设备用品及服务消费支出比重逐年下降，到 1992 年为 8.41%，较 1988 年下降了 6.65 个百分点，平均每年下降 1.67 个百分点；从 1992 年起，家庭设备用品及服务消费支出比重在波动中小幅下降，到 2015 年下降至 6.11%，比 1988 年的历史最高值下降了 8.95 个百分点。家庭设备用品及服务消费支出比重的变化过程反映了我国城镇居民生活质量的提高过程。食品、衣着以及家庭设备用品及服务比重的下降必然意味着其他支出类型比重的上升，而这正好是城镇居民的生活消费结构逐渐升级和优化的体现。

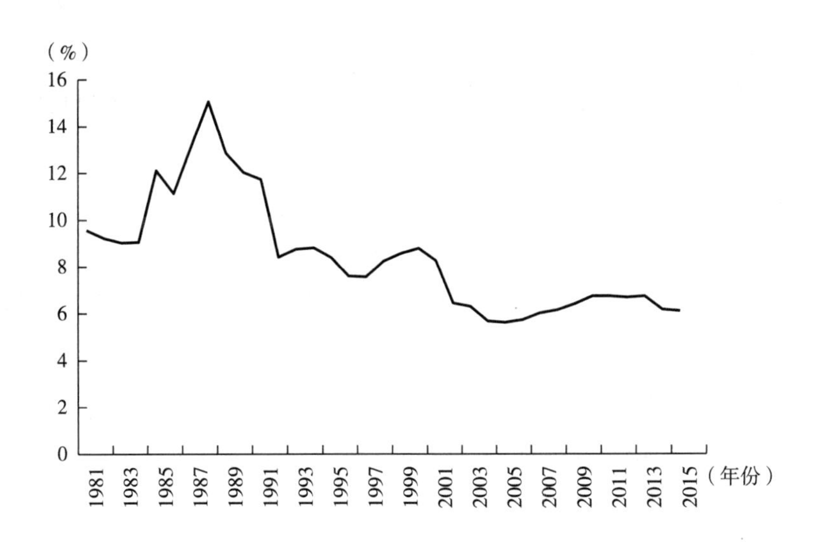

图 3－15　城镇居民家庭设备用品及服务支出比重

数据来源：万德资讯。

四、医疗保健消费支出及结构变化分析

医疗保健消费支出是指居民用于医疗和健康保健方面的消费支出。随着居民生活水平的提高，其对生活质量的要求也越来越高。反映在应对疾病与健康方面，其支出也从传统的治病、吃药等医疗支出，越来越多地向预防性、保健性消费支出转移。因此，医疗保健消费支出呈逐渐上升趋势。同时，我国城镇居民医疗保险制度的改革，也促使城镇居民医疗保健消费支出迅速增加。

从绝对数上看，我国城镇居民人均医疗保健消费支出呈现直线上升趋势（如图3－16所示）。观察其发展轨迹，可分为两个阶段：1992年之前增长较为缓慢；1992年以后快速增长。在第一阶段的1981～1991年，城镇居民医疗保健消费支出由1981年的人均2.76元增加至1991年的人均32.1元，11年间增长了大约10倍。在第二阶段，城镇居民医疗保健消费支出呈迅速增长趋势，从1991年的32.1元增加到2017年的1777元，26年间增长了近54倍之多，年均增长率为17%，实际增长率为13%。这种差异可以从以下两个方面解释：一方面是居民自身原因。随着城镇居民生活水平的不断提高，居民更加注重自身的健康问题，除了必要的医疗支出，保健支出所占比重也不断提高。另一方面是体制原因。随着1992年市场经济体制的实施，城镇居民医疗保险制度改革也全面铺开。1993年，党的十四届三中全会提出了“城镇职工养老和医疗保险由单位和个人共同负担，实行社会统筹和个人账户相结合”的明确要求，随后的1994年，国务院确定江苏省镇江市和江西省九江市作为“统账”结合模式下职工医疗保险制度改革的试点地区。1996年4月，国务院进一步扩大医疗保险制度改革试点地区至57个城市。1998年年底，国务院召开了全国城镇职工医疗保险制度改革工作会议，会议指出：“加快医疗保险制度改革，保障职工基本医疗是社会主义市场经济体制的客观要求和重要保障。”会议颁发了《关于建立城镇职工基本医疗保险制度的决定》（以下简称《决定》），《决定》要求在试点工作的基础上，在全国范围内对城镇职工医疗保险制度进行改革。至此，已实行了40余年的“公费医疗”制度成为历史，制度的变迁使城镇居民医疗保健消费支出大幅度增加。

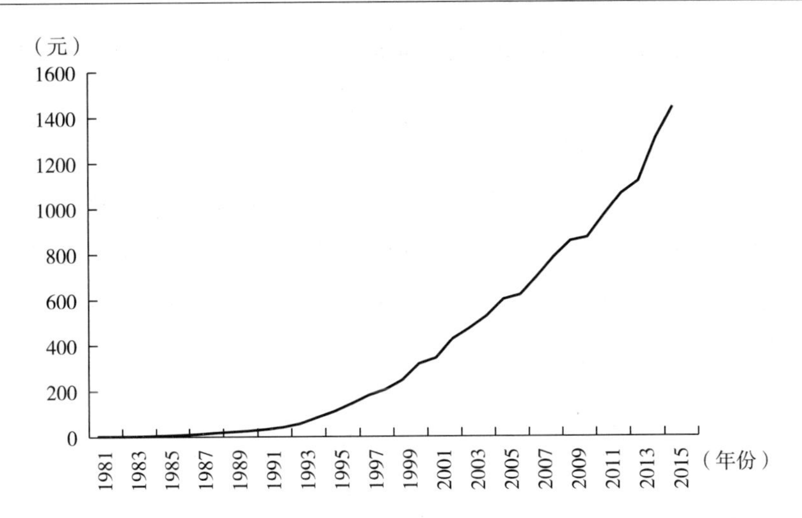

图 3－16 城镇居民医疗保健消费支出

数据来源：万德资讯。

从消费支出比重来看，城镇居民医疗保健的变化趋势可以分为三个阶段。第一阶段为直线上升阶段（如图 3－17 所示），由 1981 年的 0.6% 增加至 2005 年的 7.56%，特别是 1995 年之后，增长速度较之前更为迅猛。这种特征反映了这段

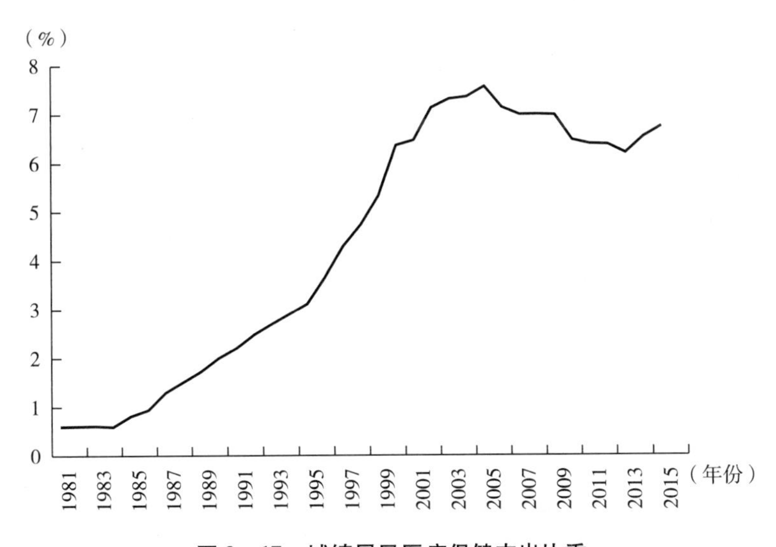

图 3－17 城镇居民医疗保健支出比重

数据来源：万德资讯。

时间内我国城镇居民的医疗负担逐年加重的现实，究其原因，与医疗保险制度改革有着直接的关系。第二阶段从2005年开始整体上呈缓慢下降趋势，至2013年下降至6.2%，第三阶段为又一次递增阶段，出现在2014年之后，2017年为7.27%。下降的原因可能是2007年城镇居民基本医疗保险的实施，这在一定程度上降低了城镇职工以外群体的医疗负担，也有可能是被逐年走高的交通和通信支出所挤占。而2014年以后，尽管医疗保险覆盖率已经涉及全体城镇居民，但医疗负担却不降反升，这是值得相关部门关注的现象。

五、交通和通信消费支出及结构变化分析

从城镇居民人均交通和通信消费支出绝对数上看，该项消费支出在1992年以前增长比较缓慢（见图3-18）。1981年，城镇居民人均交通通信消费支出为6.6元，1992年增加到44.17元，是1981年的6.69倍，年均增长率为18.86%；消除物价上涨因素，实际增加了1.96倍，年均增长率为10.38%。1992年以后，城镇居民人均交通和通信支出迅速增加，支出曲线的斜率变大。从1992年的44.17元增加至2017年的3322元，增加了73.21倍，年均增长率为19.94%；扣除物价因素，实际增加了34.07倍，实际年均增长率为17.04%。可见，城镇居民用于交通和通信的消费支出增长迅速，超过了其他商品及服务。

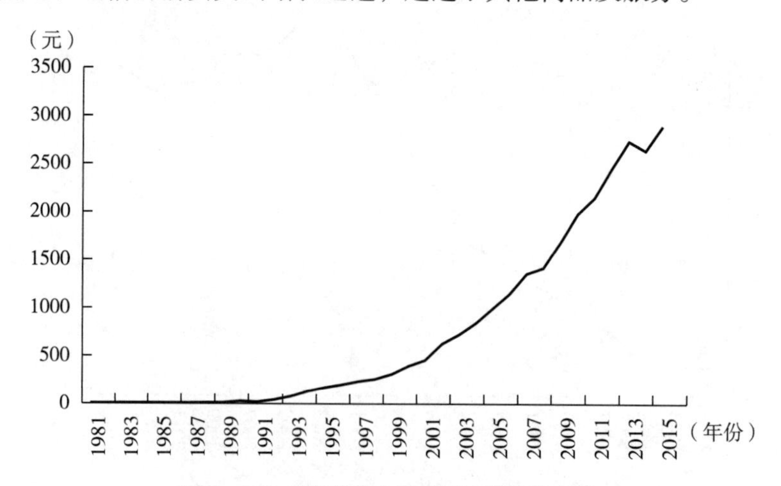

图3-18　城镇居民交通和通信消费支出

数据来源：万德资讯。

观察交通及通信消费支出的比重（见图3－19）可见，城镇居民交通通信支出比重发展趋势可分为两个阶段。第一个阶段为1981～1992年，该比重在这10多年间几乎没有变化，一直在2%以下小幅波动；1992年以后，出现加速增长态势，由1992年的2.64%增加至2013年的15.19%，增加了12.55个百分点，平均每年增加0.60个百分点。这是由于，第一，1992年以前，我国交通通信基础设施完全由国家投资，私人投资被严格限制。交通通信基础设施水平极度低下，乘坐火车出行被认为是“有身份”的象征，自行车是“富裕”家庭的代名词，牛车、马车、步行是更为大众化的交通出行方式；通信方式也极其原始化，基本上以信件为主，偶尔通过电报的形式传递急讯时都要“惜字如金”。有限的供给和生活水平的低下共同决定了极其低水平的消费支出，因此，交通和通信支出比重在这段时间内保持在低位运行。第二，1992年实行社会主义市场经济体制后，国家逐步加大了对交通通信基础设施的投资力度，同时，也逐渐放宽私人投资公路、民航客运的管制，私人客运力量空前高涨；信息通信业也在20世纪90年代后期得到快速发展，固定电话、移动电话、传真和互联网等通信手段迅速发展，甚至全覆盖。越来越高的生活水平以及越来越复杂的社交网络，使居民在交通和通信方面的支出比重不断攀升，至2013年成为仅次于食品支出比重的第二大消费点。

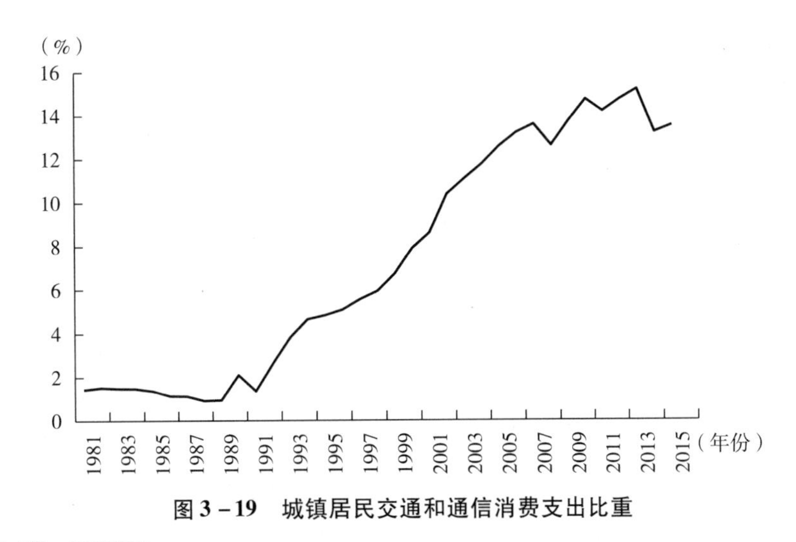

图3－19　城镇居民交通和通信消费支出比重

数据来源：万德资讯。

六、文化教育娱乐消费支出及结构变化分析

从绝对数上看，城镇居民文化教育娱乐服务消费支出呈曲线递增趋势（见图3-20），且1992年之后增幅明显加快。1981~1991年，人均消费支出由38.52元增加至128.76元，年均增长率为12.83%，实际增长率为4.86%；1992~2017年，城镇居民娱乐教育文化服务消费支出由147.45元增加至2847元，年均增长率为13%，扣除物价上涨因素，实际年均增长10.24%。

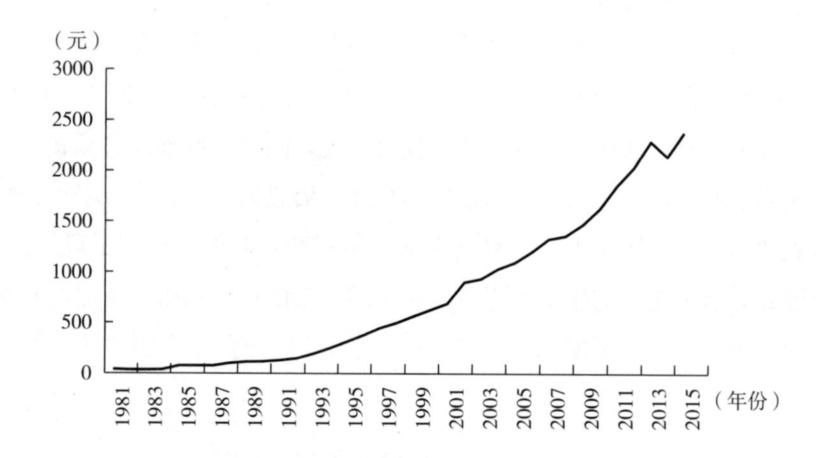

图3-20 城镇居民文化教育娱乐服务消费支出

数据来源：万德资讯。

从消费支出比重上看，城镇居民文化教育娱乐服务呈波动起伏变化态势（见图3-21）。1981~1984年为下降阶段，该项消费支出比重从8.43%下降为6.69%；1985年该项支出比重上升至11.21%，随后两年出现较大幅度的下降，至1987年下降为8.49%，此后一直到1995年基本上保持在9%上下小幅波动。从1996年开始呈现较大幅度的提高，由1996年的9.57%上升至2002年的14.96%，增加了5.39个百分点，年均增加0.89个百分点。从2003年开始，该项支出比重重新呈现下降趋势，至2017年降为11.65%。

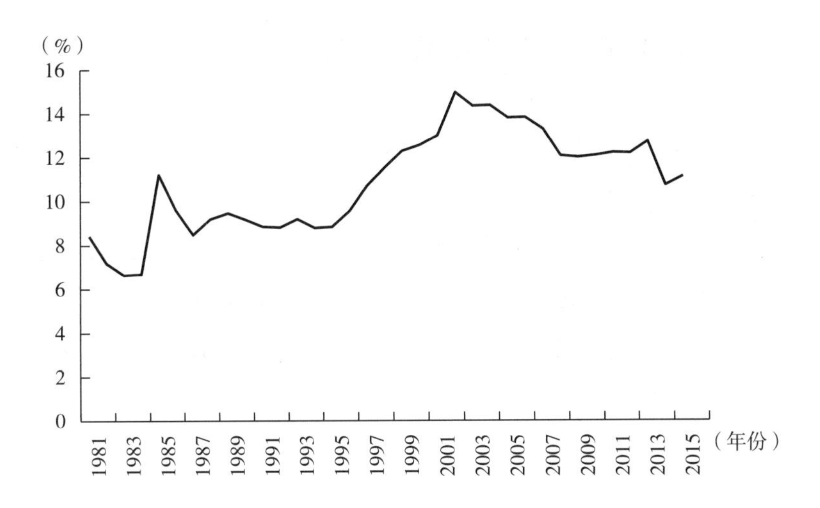

图 3-21　城镇居民教育文化娱乐服务消费支出比重

数据来源：万德资讯。

20 世纪 90 年代后期，城镇居民娱乐教育支出的大幅度增加与我国高等教育改革有很大的关系。从新中国成立一直到 1989 年，中国高等教育实施完全免费的政策，上大学对家庭没有造成任何负担。1989 年，国家进行高等教育收费改革，但费用较低，从 200 元到 1000 元不等，这时候上大学也基本上不会给家庭带来负担。直到 1996 年，中国高等教育试行并轨招生，国内部分高校作为试点，其学费开始增加，不少高校当年的收费超过 2000 元。1997 年，高校招生全面并轨，学费进一步增加，年增长幅度达到了 30%～50%，到了 2000 年，高校学费普遍高于 4000 元。高校收费政策使多数有子女上大学的家庭倍感压力，教育负担出现持续高涨。2003 年之后，城镇居民教育文化娱乐服务支出比重出现下降可能是由于随着国家、社会及企业等对贫困家庭大学生资助力度的加大以及在校生勤工助学、奖贷学金等各项政策惠及范围的扩大，多数贫困家庭大学生的学费问题可以通过多种渠道得到解决，教育负担相比并轨收费政策实施之初有所下降。

七、居住消费支出及结构变化分析[①]

城镇居民人均居住消费支出在1993年以前增长缓慢（见图3－22），从1981年的19.68元增加至1992年的99.68元，11年间共增加了80元，年均增长15.89%，消除物价上涨因素，实际增加了24.43元，年均增加2.22元，实际年均增长率为7.62%。到了1993年，居住支出增加到140.01元，比上年增加了40.33元，此后一直保持快速增长态势。到2013年，城镇居民居住消费支出达到1745.15元，比1993年增加了1605.14元，每年平均增加80.26元，年均增长率为13.44%。扣除物价因素，实际增加了252.78元，年均增加12.64元，实际增长率为9.13%。

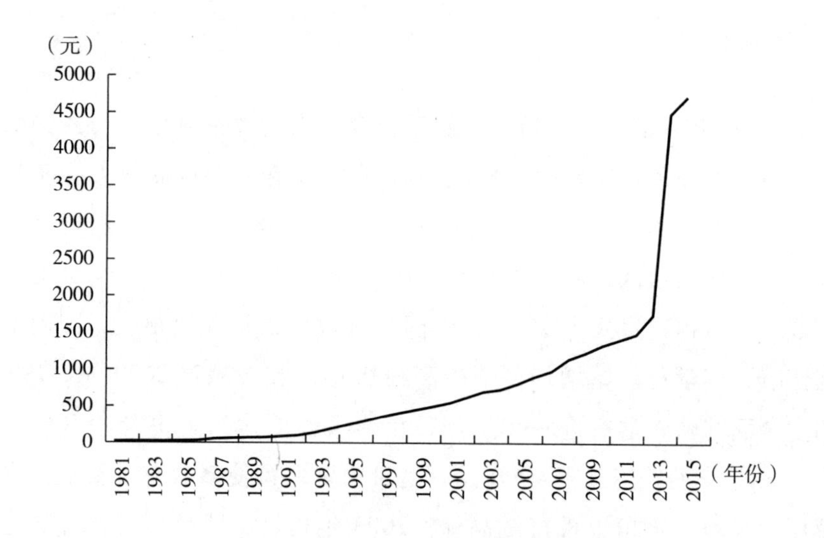

图3－22　城镇居民居住消费支出

数据来源：万德资讯。

分析居住消费支出结构（见图3－23）可知，1981～1986年，城镇居民居住

① 2014年，城镇居民人均居住支出及其比重的突然大幅度增加，是由于该年实行的城乡一体化住户收支调查制度增加了城镇居民自有住房折算租金所致。

消费支出比重呈缓慢下降趋势，1987 年出现跳跃上升并开始增加，从 1993 年起，消费支出比重增长速度加快。2003 年，居住消费支出比重再次出现下降趋势。1981 年，城镇居民居住消费支出比重为 4. 31%，1986 年降至 3. 51%，下降了 0. 8 个百分点。1987 年该比重上升为 6. 13%，1988 年再次降为 5. 5%，比上年下降了 0. 63 个百分点。1988 年以后，居住支出比重开始持续增加，到 1993 年增加至 6. 63%，平均每年增加 0. 23 个百分点；随后居住支出比重增长迅速，到 2003 年达到 10. 74%，与 1993 年相比，增加了 4. 11 个百分点，年均增加 0. 411 个百分点。2003 年之后，城镇居民居住支出比重出现缓慢下降趋势，至 2013 年为 9. 68%，较 2003 年下降了 1. 06 个百分点，平均每年下降 0. 106 个百分点。2013 年以后的陡增来源于新旧口径的不一致。

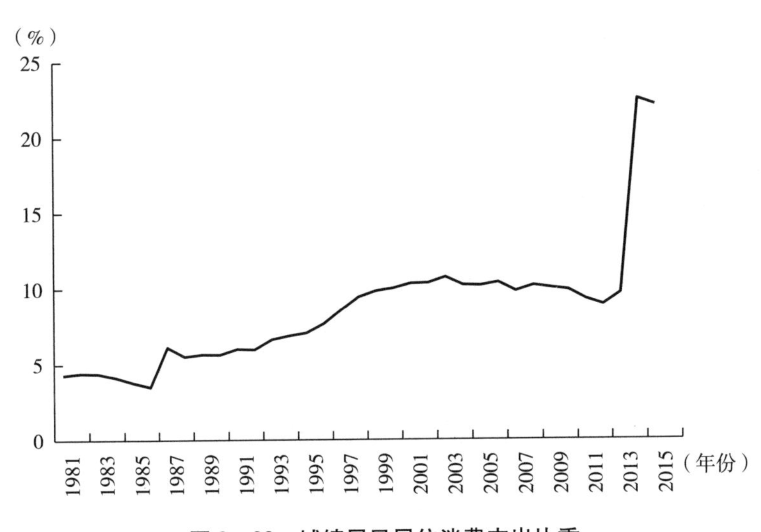

图 3 – 23　城镇居民居住消费支出比重

数据来源：万德资讯。

第四节　本章小结

本章主要内容包括三节：第一节以我国宏观数据为依据，运用描述统计方法分析了改革开放以来我国消费总量、最终消费对 GDP 的贡献率及拉动作用以及最终消费率和居民消费率随时间变化的趋势特征，并与世界主要国家和地区对比了居民消费率的趋势和现状；第二节将研究对象转向我国城镇居民的消费特征，首先分析了我国城镇居民可支配收入及消费性支出之间的关系以及平均消费倾向，然后运用回归分析的方法估计得出我国城镇居民 2003～2016 年的边际消费倾向；第三节进一步对我国城镇居民的消费结构予以描述。通过本章的分析，可得出以下基本结论：

第一，改革开放以来，资本形成总额的增长幅度超过最终消费增长幅度近 10 个百分点；货物和服务净出口对 GDP 的贡献率在 0 上下波动，而最终消费和资本形成总额对 GDP 贡献率的趋势总体上正好相反，前者波动下降且波动幅度较小，后者波动上升但波动幅度较大；在 2000 年之前的大部分年度里，资本形成总额对 GDP 的拉动基本都小于最终消费以及居民消费对 GDP 的拉动，但在 2000 年以后，投资与消费对 GDP 的拉动出现“翻转”，投资对 GDP 拉动作用明显高于最终消费。

第二，总体上来说，我国最终消费率及居民消费率呈下降趋势，特别是进入 2000 年之后，下降趋势更加明显，但从 2011 年开始有缓慢回升态势。与世界主要国家及地区相比，近年来，我国的居民消费率不仅远低于美国、英国、日本、德国、韩国、中国香港、欧元区等发达国家和地区，也远低于印度和巴西等发展中大国。

第三，城镇居民的平均消费倾向在改革开放的前 10 年呈波动平稳发展态势。从 1988 年开始直线下降，特别是 1998 年以后，城镇居民平均消费倾向呈加速下降趋势。

第四，城镇居民边际消费倾向呈现显著的逐年递减趋势，由 2003 年的 0.7468 下降至 2016 年的 0.5955。

第五，城镇居民消费结构方面，食品消费支出比重（即恩格尔系数）总体上呈下降趋势，由 1981 年的 56.66% 下降至 2017 年的 28.60%，按照恩格尔定律，我国城镇居民生活水平于 2000 年低于 40% 而进入富裕阶段；衣着消费支出所占比重也呈下降趋势，由 1981 年的 14.79% 下降至 2017 年的 7.19%；城镇居民家庭设备用品及服务消费支出比重呈现先上升后下降的变化趋势，1981～1988

年，消费支出比重由9.56%上升至15.06%，自1988年开始逐年下降，2015年下降为6.11%；城镇居民医疗保健消费支出比重的变化趋势可以分为两个阶段。第一阶段从1981年的0.6%增加至2005年的7.56%，特别是1995年之后，增长速度较之前更为迅猛。这反映了这段时间内我国城镇居民的医疗负担逐年加重的现实；第二阶段从2005年开始整体上呈缓慢下降趋势，至2013年下降至6.2%，随后的2014年出现反弹，2015年为7.27%。交通通信支出比重发展趋势可分为两个阶段：第一个阶段为1981～1992年，该比重在这10多年间几乎没有变化，一直在2%以下小幅波动；1992年以后，出现加速增长趋势。文化教育娱乐服务消费支出比重呈波动起伏变化态势，1981～1984年为下降阶段，1985年该项支出比重上升至11.21%，随后两年出现较大幅度的下降，至1987年下降为8.49%，此后一直到1995年基本上保持在9%上下小幅波动。从1996年开始该项支出比重呈现较大幅度提高，由1996年的9.57%提高到2002年的14.96%，从2003年开始，该项支出比重重新呈现下降趋势，至2017年降为11.65%。居住消费支出比重总体上呈上升趋势，由1981年的4.43%增加至2013年的9.68%，随后出现陡增是由于2014年的城乡一体化调查口径发生变化所致。

总结以上结论，可以发现以下两点：第一，我国消费需求严重不足，且这种不足的现状还有加剧的趋势；第二，本书所重点关注的城镇居民医疗支出比重从20世纪80年代一直到2005年，都处于加速上升趋势，2005年后趋于下降。其原因是：其一，被增加的交通和通信支出所挤占；其二，“三项医改”在一定程度上减轻了城镇居民医疗负担；其三，与不同类型家庭的数量分配有关。

谢宇等（2014）[①] 利用CFPS（China Family Panel Studies）数据，采用潜在类别模型法，从家庭是否拥有房产和各类家庭耐用品及奢侈品、消费水平及消费结构（主要考察医疗保健和房租房贷支出比重）三个维度，将中国家庭消费模式分为五种：贫病型、蚂蚁型、蜗牛型、稳妥型和享乐型。贫病型家庭的消费水平和消费品比重都非常低，但医疗支出比重却非常高，具有贫病交加的特点。蚂蚁型家庭的消费水平和消费品比重也比较低，其在医疗支出和居住支出上的比重

① 谢宇，张晓波，李建新，于学军，任强．中国民生发展报告2014［M］．北京：北京大学出版社，2014.

也较低，特别类似于奔波于城市的年轻“蚁族”，处于拼命积累财产的阶段。蜗牛型家庭的命名来源于其沉重的生活负担，就像蜗牛壳一样。这类家庭总消费很高，但主要用于房租房贷、教育和医疗支出方面，而汽车、文娱和奢侈品方面的消费占比却非常低。稳妥型家庭属于中等消费家庭，这类家庭的消费水平虽然不是太高，但耐用消费品比重较高，医疗和住房支出低于平均水平，且有一定的教育文娱消费。享乐型家庭拥有很高的消费水平和各项消费支出比重，有车有房的比例很高，教育文娱消费明显高于其他家庭，但医疗支出比重非常低。从收支对比的角度看，蜗牛型家庭和享乐型家庭以消费为主，其消费大于收入；而蚂蚁型家庭和稳妥型家庭以积累为主，消费低于收入；贫病型家庭也想积累，但由于收入水平本身很低，且医疗和疾病负担沉重，因此，积累非常艰难。

我国城镇居民医疗支出比重先增后减的特点也可能意味着蚂蚁型、稳妥型和享乐型家庭逐渐增多，而贫病型和蜗牛型家庭减少，这是居民整体生活质量提升的表现。尽管如此，从总体上看，我国城镇居民医疗负担、教育负担及住房负担均呈上升趋势，与边际消费倾向以及平均消费倾向逐年下降呈反向变动趋势。因此，可以初步判断得出居民消费不振与医疗负担、教育负担以及住房负担有很大的负相关关系。

不断走高的医疗、教育、住房等负担必然会给民众传递出相应支出的不确定性信息。根据预防性储蓄理论，收入的不确定性是导致居民进行预防性储蓄的重要原因。而缓冲储备假说认为，面对收入的不确定性，居民会通过增加财富持有，以便在未来收入降低时变现，从而平滑其消费。在我国特殊的国情背景下，医疗、教育及住房等支出不确定性可能扮演着更重要的不确定性角色。

但是根据马克思关于人的需求层次理论，吃、穿、住等基本物质需求是人的第一层次需求；在第一层次需求得到满足的情况下，人类还有高层次的其他需要。[①] 马克思指出：“吃、穿等行为，自然是真正的人的机能。但是，如果使这些机能脱离了人的其他活动，使它们成为最后的和唯一的终极目的，那么，在这

① 中央马克思恩格斯列宁斯大林著作编译局．马克思恩格斯选集（第1卷）［M］．北京：人民出版社，1979.

种抽象中，人们就是动物的机能。”① 因此，人类之所以区别于动物，就在于人类除了满足基本的吃喝、穿等需求之外，还要追求更高层次的需求，即享受型和发展型需求。我们认为，对于当下我国城镇居民而言，医疗保健支出是保证人的生命和生存的第一层次需求；居住支出与购房行为直接相关，较高的居住支出反映了城镇居民享受舒适生活的需求，因此，属于享受型需求；教育支出则是居民为了谋求自己及子女精神世界发展的支出，属于发展型需求。本着三种消费支出反映我国城镇居民需求层次的轻重缓急程度以及居民对各项支出负担承受能力主观感受的强弱程度，本书选择医疗支出的不确定性作为我们重点关注的方面，并且在缓冲储备模型框架内检验医疗支出不确定性是不是导致居民消费不足的重要原因。

① 中央马克思恩格斯列宁斯大林著作编译局．马克思恩格斯全集（第42卷）[M]．北京：人民出版社，1979.

第四章

医疗支出负担对城镇居民家庭资产选择与配置的影响研究

上一章以宏观数据为分析依据，揭示了转轨以来我国城镇居民平均消费倾向逐年走低、医疗保健支出及其比重却持续走高的事实。那么问题来了，作为居民消费支出的一部分，医疗支出强劲增长，但居民消费却持续低迷，其原因何在？二者之间是否有某种联系，如果有，相互联系的机制又是什么？近年来，运用预防性储蓄模型研究我国居民消费的成果层出不穷，而起源于西方成熟市场经济的预防性储蓄理论认为，当居民面临收入的不确定性时，会额外增加储蓄，以应对当收入下降时导致的生活水平下降。考虑我国经济体制向市场经济转轨过程中的各种不确定性，学者在运用该理论研究我国居民消费行为时，通常会考虑医疗、教育、住房等支出的不确定性因素，本书同样基于此思路，但重点研究医疗支出的不确定性对居民消费的影响，并检验其影响机制是否遵循缓冲储备模式，即消费者是否会有一个资产与永久收入比率的目标值，并通过增加或减少现有资产持有水平而保证实际资产收入比率与目标比率基本一致。如果是，那么增加资产持有也就意味着增加储蓄，降低消费；而减少资产持有就意味着减少储蓄而增加消费。本书下一章将基于经典缓冲储备模型，扩展得出适用于我国居民实际情况且可用于计量检验的缓冲储备模型，并基于微观数据进行检验。众所周知，居民对未来医疗支出的不确定性预期来源于转轨以来的各项医疗改革，本章首先对这一宏观背景予以回顾，然后通过对 CFPS 微观数据的分析，深入了解现阶段我国城镇居民医疗支出及医疗负担的基本现状及其对家庭各类资产选择和资产配置情况

的影响，并运用心理核算账户的概念对城镇居民家庭的资产配置情况予以解释。下一章将在此基础上以扩展的缓冲储备模型为理论框架研究医疗支出不确定性对我国城镇居民家庭资产—永久收入比率的影响。

第一节　我国城镇居民医疗体制改革之路

一、公费医疗制度

1952 年 6 月，政务院发布了《关于全国各级人民政府、党派、团体及所属单位的国家机关工作人员实行公费医疗预防的指示》，这是新中国成立以来关于居民医疗的第一项制度，即“公费医疗”制度。在公费医疗制度下，各级国家机关、党派、人民团体以及文化、教育、科研、卫生、体育等事业单位工作人员和革命残废军人、高等院校在校学生等均为享受对象。其就医时的门诊、住院所需的诊疗费、手术费、住院费、药费等均由国家财政承担。公费医疗制度下，受惠居民就医几乎零负担，从而“收入有保证、生病不用慌”的事业单位的工作一度被称为“铁饭碗”。然而，长期的公费医疗使得国家财政“不堪重负”的同时，对医疗资源也造成不同程度的浪费。这种制度在计划经济下对于社会稳定起到了一定作用，但随着改革开放和社会主义市场经济的发展，医疗制度的改革势在必行。

二、城镇职工基本医疗保险制度

随着 1992 年市场经济体制的实施，城镇居民医疗保险制度改革全面铺开。医疗保险是指当人们生病或受伤后，由国家或社会提供医疗服务或经济补偿的一种社会保障制度。1993 年，党的十四届三中全会提出了“城镇职工养老和医疗保险由单位和个人共同负担，实行社会统筹和个人账户相结合”的明确要求，随后的1994年，国务院将江苏省镇江市和江西省九江市作为“统账”结合模式下职工医疗保险制度改革的试点地区。1996年4月，国务院进一步扩大医疗保险制度改革试点地区至57个城市。1998年年底，国务院召开了全国城镇职工医疗保险制度改革工作会议，会议指出：“加快医疗保险制度改革，保障职工基本医疗是社会主义市场经济体制的客观要求和重要保障。”会议颁发的《关于建立城镇职工基本医疗保险制度的决定》要求，1999年内，在试点工作的基础上，在全国范围内对城镇职工医疗保险制度进行改革。城镇职工基本医疗保险制度的覆盖范围包括城镇所有用人单位，即企业（国有企业、集体企业、外商投资企业、私营企业等）、机关、事业单位、社会团体、民办非企业单位及其职工。各省、自治区和直辖市人民政府决定乡镇企业及其职工、城镇经济组织业主及其从业人员是否参加基本医疗保险。医疗保险费由用人单位和个人按照职工工资总额及职工个人工资的一定比例共同缴纳，退休人员参加基本医疗保险，但个人不缴纳基本医疗保险费。至此，已运行将近半个世纪的“公费医疗”制度正式退出历史舞台。职工基本医疗保险制度的建立，虽然极大地缓解了财政压力，但对于职工个人而言，相比公费医疗制度下的零负担，制度变迁使城镇职工医疗保健消费支出出现大幅度增加。

三、城镇居民基本医疗保险制度

城镇职工基本医疗保险制度的受惠对象为城镇职工，而城镇非职工、学生等仍无任何医疗保障。为实现基本建立覆盖城乡全体居民的医疗保障体系的目标，国务院决定从2007年起开展城镇居民基本医疗保险试点。城镇居民基本医疗保险制度是城镇居民医疗保障体系的重要组成部分，制度覆盖的主要对象包括具有本市城镇户籍，城镇职工基本医疗保险制度、新型农村合作医疗和政府其他医疗保障形式范围之外的各类城镇居民。城镇居民医疗保险资金的筹集主要采取个人缴费和财政补助相结合，保障的重点是住院和门诊大病。

城镇居民基本医疗保险制度的实施，标志着我国全民医保框架基本搭建完成，是社会进步和居民生活质量提升的重要体现。

四、基本医疗保险城乡一体化改革

2009年4月6日，国务院正式发布了《中共中央　国务院关于深化医药卫生体制改革的意见》（即新医改方案，以下简称《意见》）。《意见》提出，把基本医疗卫生制度作为公共产品向全体居民提供，到2011年，保证基本医疗保障制度全面覆盖城乡居民，切实缓解“看病难、看病贵”的问题。新医改方案的提出成为我国医疗卫生事业发展的重要里程碑，这也就意味着，全民医保时代正式到来，基本医疗保险城乡一体化改革也进入准备阶段。2016年1月12日，国务院发布了《国务院关于整合城乡居民基本医疗保险制度的意见》（国发〔2016〕3号）。该意见要求“按照全覆盖、保基本、多层次、可持续的方针，遵循先易后难、循序渐进的原则，从完善政策入手，推进城镇居民医保和新农合制度整合，逐步在全国范围内建立起统一的城乡居民医保制度，促进全民医保体系持续健康发展”。对城镇居民医保和新农合制度进行整合是我国城镇化发展和全面实现小康社会的必然要求，这一举措给予农民异地就医结算极大的方便，是基本医疗保险制度城乡一体化改革之路上的又一重要举措。

五、补充医疗保险

补充医疗保险是与基本医疗保险相对的一个概念。由于城镇职工基本医疗保险和城镇居民基本医疗保险只能满足参保人的基本医疗需求，而对于超过基本医疗保险范围的医疗需求则可以其他形式的医疗保险予以补充。显然，补充医疗保险是基本医疗保险的补充，也是我国多层次医疗保障体系的重要组成部分。与以上基本医疗保险不同的是，补充医疗保险并不通过国家立法强制实施，而是由用人单位和个人自愿参加。补充医疗保险一般有三种形式，分别为企业补充医疗保险、商业医疗保险及社会互助。国家鼓励按规定参加各项社会保险并对按时足额缴纳社会保险费的企业建立补充医疗保险制度，以最大限度地降低本企业职工的医疗负担。企业或行业集中使用和管理企业补充医疗保险的资金，财政部门和劳动保障部门对企业补充医疗保险资金管理具有监督和财务监管权。商业医疗保险是指由保险公司经营、具有营利性质的医疗保障形式，企业和个人同样自愿参加，作为基本医疗保险的有效补充。社会互助是指在政府相关部门的鼓励和监管下，社会团体和社会成员自愿组织和参与的扶弱济困活动，用于为受助者提供互助资金和服务。

补充医疗保险是我国多层次医疗保障体系的主要组成部分，是基本医疗保险的有效补充。引导补充医疗保险健康的运行，是降低居民医疗负担的有效手段。

综上可见，我国的医改之路与国家的强盛、时代进步之路相伴相随，是经济体制转轨的必然要求。

六、医疗改革与居民的医疗支出预期

医改的实施，在很大程度上减轻了我国城乡居民的“绝对医疗负担”。然而，相对于曾经的公费医疗，相对于各种疾病尤其是大病、重病的低龄化以及居民健康需求的大幅度释放，居民的“相对”医疗负担仍然很高，也就是说，居民的医疗支出预期仍然存在很大的不确定性，医疗支出的不确定性来源于多个方面，总结起来主要包括以下几点：

第一，医疗资源分布不均匀。在我国，先进的医疗资源大多分布在北京、上海等发达城市，这使得许多健康意识不断提高的居民在就医时会向这些地方拥挤。由于一些医疗保障制度的报销比例和手续等存在地域性限制，居民在本地就医报销比例较高的前提下，如果到医疗水平较高的异地就医，除报销比例降低之外，不在保障范围之内的支出也会让一个生病的家庭不堪重负，如一些紧俏医生的挂号费、“黄牛党”的好处费、塞给医生的红包、来回路费、住宿费等。

第二，医疗费用增长明显。随着经济社会的不断发展，我国人口老龄化程度不断加剧，疾病模式也发生着转变，加之医疗新技术的广泛应用以及患者对高级别医疗机构需求的增加，客观上导致医药费用大幅度增长①。

第三，就医环境的某些环节存在结构性问题，如对一些特殊的重症患者，有

---

① 国家卫生计生委统计信息中心．第五次国家卫生服务调查分析报告［M］．北京：中国协和医科大学出版社，2015.

些药品不在报销范围之内，而价格却很昂贵；此外，由于医药监管环节的某些漏洞，一些地方的医疗机构仍然存在“以药养医”的不正常状况，医生给患者开药的依据并不是药品的效果，而是价格，或者医生明知道类似的药品对某种疾病的效果相同，却给患者开出价格相对较高的。

以上现象纵然不是医改的直接后果，但却是伴随着医改的进程而出现的一些市场乱象，这些因素使全民医保的效果大打折扣，导致即便是在保障程度和保障范围大幅度提高的今天，“因病致贫”“因病返贫”的例子仍然比比皆是，居民对于自己或家庭成员生病，尤其是“大病”，仍然心存畏惧和预防心理。本书以下通过对相关数据的分析，揭示当前我国城镇居民的医疗支出及医疗负担情况。居民对疾病可能会通过储蓄或持有其他资产进行预防，因此，本书还将通过对相关数据的分析，揭示我国城镇居民的资产持有及其配置情况，并通过构建 Probit 模型和 Tobit 模型研究城镇居民医疗支出负担对资产持有及其配置的影响，并进行纵向对比。

第二节　我国城镇居民医疗支出及负担情况

一、数据来源简介

本章定量分析和实证分析的数据来源为中国家庭追踪调查（China Family Panel Studies，CFPS）2010 年、2012 年及 2014 年这三年的家庭数据库①。CFPS 数据项目由北京大学中国社会科学调查中心（ISSS）负责实施。2008 年、2009 年在北京市、上海市、广东省三地分别进行了初访与追访的测试调查，并于 2010

① 由于到目前为止，CFPS 网站只提供了 2016CFPS 的部分原始调查数据，后续的综合计算以及调整尚未进行，因此，本书的分析中并未包含 2016 年的数据。

年7月在全国25个省开展基线调查。2011年的数据是为了进行样本维护和测试进行的小规模追访，首轮全部样本追访数据为2012CFPS，随后在2014年和2016年继续进行了两轮追访。到目前为止，大规模追踪调查结果包括2010年、2012年、2014年和2016年四轮数据。CFPS调查问卷主要有村（居）委会问卷、家庭成员问卷、家庭问卷、成人问卷和少儿问卷五种主体类型，各问卷针对不同的受访对象，设置了相应的问题。

去掉关键变量中有缺失、不适用、回答不知道等观测量，剩余样本分别为2010年6812个、2012年4979个、2014年6784个。

二、我国城镇居民医疗支出及医疗负担统计描述

与居民消费支出的宏观分类标准一致，CFPS历年的家庭数据库中，通过对相关数据的汇总和综合，也将居民消费性支出分为食品、衣着、家庭设备用品及服务、医疗保健、文教娱乐、居住、交通通信以及其他支出八大类，本书在此基础上计算了各类别消费支出的比重，并重点关注医疗支出及其比重，即医疗负担在不同地区和不同年份的相关统计特征，计算结果如表4－1所示。

由表4－1可以看出，我国城镇居民家庭医疗保健支出的平均数由2010年的3805.79元增加至2014年的5185.46元，中位数也由2010年的1000元增加至2014年的2000元，增加了1倍。考虑到我国地区间经济发展水平以及居民生活水平差异较大，本书根据各观测量所在省份重新构造了所属的区域变量[①]，并且分区域计算了城镇居民家庭医疗保健支出的平均数及中位数。由计算结果可知，在2010年和2014年，东部地区的家庭平均医疗支出均最高，2012年是中部地区最高；而西部地区的家庭平均医疗支出在2012年和2014年均显著低于东部和中部地区。继续观察家庭医疗支出比重，即医疗负担情况可知，在2010～2014年，家庭医疗负担总体上呈下降的趋势，这与宏观数据所得结论完全一致。就全国来看，医疗支出比重由2010年的11.41%降至2014年的9.32%，降低了2.09个百

① 东部地区包括北京市、天津市、河北省、辽宁省、上海市、浙江省、江苏省、福建省、山东省和广东省；中部地区包括黑龙江省、吉林省、山西省、陕西省、江西省、河南省、湖北省和湖南省；西部地区包括重庆市、四川省、广西壮族自治区、贵州省、云南省和甘肃省。

分点；分地区来看，东部地区由2010年的10.99%降至2014年的8.81%，降低了2.18个百分点；中部地区由2010年的11.91%降至2014年的9.94%，降低了1.97个百分点；西部地区由2010年的11.89%降至2014年的9.68%，降低了2.21个百分点。可见，东部地区的医疗支出虽然在绝对数上最大，但医疗负担相对来说却最低，且在时间上下降幅度最大；而中部地区城镇居民的医疗负担最大，下降幅度也最小，西部地区的医疗负担及下降幅度居中。这表明医疗负担的大小与经济发展水平存在负相关关系。

表4-1　我国城镇居民家庭医疗支出及医疗负担描述统计

年份		2010		2012		2014	
项目	地区	平均数	中位数	平均数	中位数	平均数	中位数
家庭医疗支出（元）	全国	3805.79	1000	4022.21	1300	5185.46	2000
	东部	4092.92	1000	4039.60	1200	5233.55	1800
	中部	3445.24	1000	4170.21	1200	5211.85	2000
	西部	3483.38	1000	3685.77	1500	5006.76	2000
家庭医疗负担（%）	全国	0.1141	0.0512	0.0952	0.0416	0.0932	0.0407
	东部	0.1099	0.0465	0.0896	0.0381	0.0881	0.0351
	中部	0.1191	0.0556	0.1054	0.0444	0.0994	0.0448
	西部	0.1189	0.0566	0.0919	0.0455	0.0968	0.0477

数据来源：CFPS数据库。

为了进一步验证这一结论，笔者基于历年CFPS家庭库数据，分别在全国和各区域计算了城镇居民医疗支出比重与家庭纯收入以及家庭工资性收入的相关系数（分别记为r_1和r_2），结果如表4-2所示，表中除黑色斜体字统计上不显著外，其他相关系数均在1%水平下显著。可以发现医疗负担与家庭纯收入以及家庭工资性收入的负相关关系不仅在全国范围内成立，在各区域内也是显著负相关，且医疗负担与工资性收入的相关程度（r_2）均高于与家庭纯收入的相关程度（r_1）。就r_2来讲，在时间上，与2010年相比，2014年全国范围内以及东部区域内计算的相关系数绝对值有所降低，但是，西部和中部地区的绝对值却有较大程度的上升。这表明，东部地区城镇居民医疗负担的贫富差异在缩小，而中部和西部地区居民的医疗负担贫富差异却在扩大。从这一意义上说，全民医保政策受益较大的是东部相对发达地区，而广大中西部城镇居民的医疗负担形势仍然很严峻。

表4－2　医疗负担与家庭纯收入及家庭工资性收入相关系数汇总

年度 / 区域	2010		2012		2014	
	r_1	r_2	r_1	r_2	r_1	r_2
全国	－0. 1065	－0. 1620	－0. 0738	－0. 0901	－0. 0815	－0. 1092
东部	－0. 1174	－0. 1737	－0. 0807	－0. 0989	－0. 0844	－0. 1048
中部	－0. 0776	－0. 1553	－0. 0833	－0. 0982	－0. 1057	－0. 1679
西部	－0. 0999	－0. 1164	－0. 0072	－0. 0460	－0. 0410	－0. 1238

数据来源：CFPS 数据库。

笔者又根据以上数据，计算了2014年与2010年相比医疗支出的增幅。为剔除物价上涨因素，用2008年为100的全国医疗保健支出消费价格指数对各年度医疗支出进行了平减。作为对比，同时也计算了家庭工资性收入在全国以及各区域的均值和增幅，计算结果如表4－3所示。

表4－3　城镇居民家庭实际平均医疗支出及实际平均家庭工资性收入对比及增幅

单位：元

对比 / 年度	家庭实际平均医疗支出				家庭实际平均工资性收入			
	全国	东部	中部	西部	全国	东部	中部	西部
2010	3805. 79	4092. 92	3445. 24	3483. 38	31280. 36	35852. 82	26169. 18	24772. 90
2014	4329. 72	4369. 87	4351. 75	4180. 51	37355. 32	44293. 86	31732. 02	27305. 01
增幅（%）	13. 77	6. 77	26. 31	20. 01	19. 42	23. 54	21. 26	10. 22

数据来源：CFPS 数据库。

由计算结果可知，与2010年相比，全国家庭平均工资性收入增加了19.42%[①]，其中，东部地区增幅最大，达到23.54%，西部地区增幅最小，仅为10.22%；而全国城镇居民医疗支出增幅为13.77%，低于工资收入增幅，因此，也可以确定，就全国来讲城镇居民医疗负担有所降低，但地区间差异很大。东部地区在工资收入增幅最大的前提下，医疗支出增幅却最小，只有6.77%，可见该区域城镇居民医疗负担降低明显；中、西部地区城镇居民家庭平均医疗支出增幅分别为26.31%和20.01%，均显著大于工资性收入的增幅，同样可以得出以上结论，即中西部地区城镇居民医疗负担较大。

第三节　城镇居民家庭资产选择及配置情况

上述分析表明，随着我国医疗改革的推进，城镇居民的医疗支出较公费医疗时代有大幅度的增加，因此，居民关于自身及家庭未来医疗支出的不确定性预期也很大。虽然，上述微观数据对比结果显示，2014年我国城镇居民的医疗负担较2010年有所下降，尤其是东部地区降低幅度尤为明显，但中西部地区医疗负担仍然较重。说明“全民医保”新医改方案的实施对于广大中西部城镇居民医疗负担的下降效果甚微。那么，面对沉重的医疗负担，居民如何安排家庭消费和储蓄行为关系一个家庭抵御未来医疗支出风险的能力。众多研究表明，在我国的经济体制转轨阶段，城乡居民有着很强的预防性储蓄动机，即面对收入及包括医疗支出在内的各种支出的不确定性因素，居民会选择降低当前消费水平、增加储蓄的方式来增强其抵御未来不确定性的能力。而这里的“储蓄”不仅包括狭义上的“银行存款”，随着我国金融市场的不断发展和完善，居民会将部分银行存款用于各项投资，如持有不动产、股票、保险及基金等。那么，当前我国城镇居民资产的市场参与情况及市场配置情况如何？本书以下将进行分析。

本书借鉴前人研究成果并结合CFPS数据特点，将家庭资产分为金融资产和

---

① 在CFPS数据中，已经经过价格平减，因此是与2010年价格可比的收入。

非金融资产，但由于各年度CFPS数据关于资产的变量并不一致，本书就现有数据对各年的各类型资产进行汇总。在2010CFPS中，金融资产包括银行存款、股票和基金；非金融资产包括土地价值、现住房市价、其他投资性住房价值、公司资产、收藏品以及其他资产；在金融资产中，按照风险程度又将股票和基金摘出并命名为风险资产。在2012CFPS中，金融资产除银行存款、股票和基金外，还包括政府债券、金融衍生品以及其他金融资产。非金融资产包括现住房市价、其他投资性住房价值以及生产性固定资产。2014CFPS数据没有股票和基金单独的数据，但有金融资产这一变量，由于政府债券、外汇等其他金融资产的持有者以及持有数量相对较少，因此，本书用金融资产减去现金及存款用以粗略表示风险资产。非金融资产包括生产性固定资产、公司资产、农业机械生产性资产、总房产（包括现住房和投资性住房资产）和土地资产。

为初步把握我国城镇居民资产持有及其配置情况，本书以下分别计算了各类资产的平均值及其比重。

一、城镇居民家庭资产选择的异质性

在各数据年度分地区计算了以上各类型资产的平均数并绘制了相关图形，如表4－4及图4－1和图4－2所示。

观察图4－1可知，无论是全国范围还是分地区，我国城镇居民的金融资产、现金及存款以及风险资产持有量都呈逐年增加的趋势。金融资产属于流动性极强的资产，金融资产持有量的逐年增加，其原因来自两个方面：第一，是居民生活水平提高的表现；第二，金融资产持有量的增加，也意味着必然会挤占消费，即居民并没有将增加的收入用于消费，而是不断增加积累。而增加积累的原因是否与医疗支出不确定性预期有关，本书下一章将进行验证。

分地区来看，无论是哪一年哪一类资产，都呈现出东、中、西逐级降低的特征，且东部地区的资产持有量显著高于中西部地区。结合以上对各地区城镇居民医疗负担的分析，东部地区城镇居民的医疗负担低于中西部地区城镇居民，但金融资产的持有量却显著高于中西部地区居民，这表明相对于中西部地区城镇居民而言，我国东部城镇居民的储蓄意愿更为强烈。

表 4-4　我国城镇居民家庭资产选择情况　　单位：元

年度	区域	现金及存款	风险资产	金融资产	非金融资产	总资产
2010	全国	17700. 31	7392. 47	24940. 56	466028. 60	490708. 40
	东部	23657. 94	10514. 47	33957. 10	646029. 50	680047. 10
	中部	10877. 75	3546. 30	14390. 34	256577. 70	270982. 90
	西部	9859. 63	3708. 85	13609. 17	240988. 30	252851. 80
2012	全国	43483. 25	7579. 10	57767. 96	447586. 20	504917. 30
	东部	59959. 65	11799. 93	79473. 29	604043. 30	682873. 80
	中部	25581. 17	3501. 87	35063. 68	278102. 70	312946. 40
	西部	28151. 97	2680. 60	35907. 35	302754. 80	338831. 30
2014	全国	50833. 88	18778. 34	69266. 21	625174. 90	694512. 60
	东部	68690. 96	25577. 90	93800. 44	845581. 90	939592. 10
	中部	34966. 47	13283. 63	48104. 17	395578. 00	443821. 30
	西部	27317. 87	9001. 07	36239. 22	397079. 60	433097. 50

数据来源：CFPS 数据库。

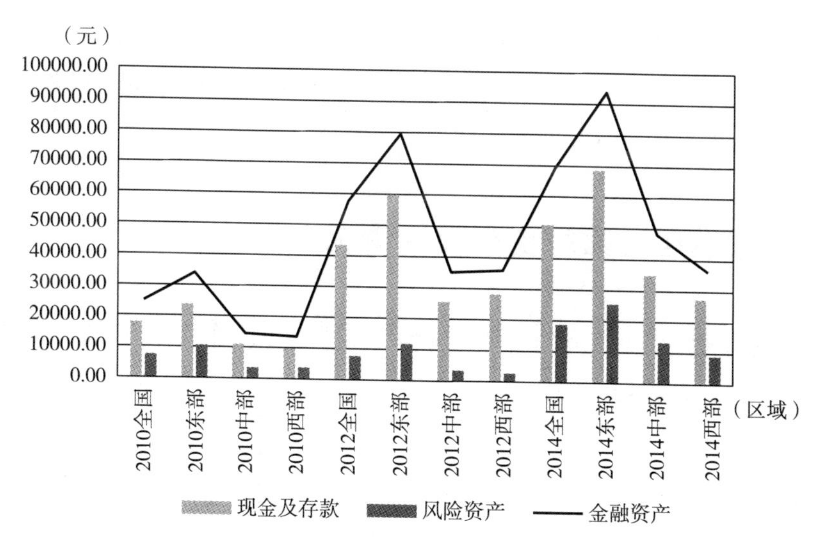

图 4-1　我国城镇居民家庭金融资产及其构成时空差异对比

数据来源：CFPS 数据库。

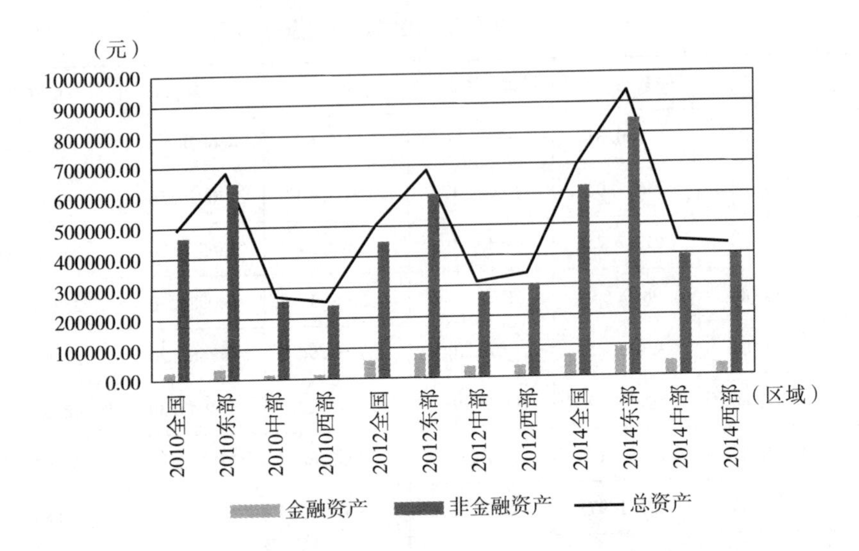

图4－2　我国城镇居民家庭总资产及其构成时空差异对比

数据来源：CFPS 数据库。

图4－2为我国城镇居民家庭总资产及其构成时空差异对比图，观察该图形可知，相比于金融资产在三年间的增长趋势，非金融资产的增长幅度并不明显。由于在总资产中，非金融资产占比达到85%以上，受此影响，总资产的增长幅度也不是很明显。由表4－4的数据也可以看出，2014年我国城镇居民家庭金融资产、非金融资产及总资产平均数分别是2010年的2.78倍、1.34倍和1.42倍。可见，我国城镇居民家庭持有资产的增加主要来自金融资产。

二、城镇居民家庭资产配置情况

根据我国城镇居民家庭的资产持有情况，进一步计算了各类资产的占比，即资产的配置，如表4－5[①]所示。

---

① 由于以上比值是在家庭相关资产平均值基础上进行的对比，因此，虽然在概念上应该相加为1，但实际结果并不严格等于1。例如，金融资产占比与非金融资产占比之和应该为1，但实际结果并不严格为1。

表 4－5　我国城镇居民家庭资产配置情况　单位:%

年度	区域	现金及存款占金融资产比重	风险资产占金融资产比重	金融资产占总资产比重	非金融资产占总资产比重
2010	全国	70.97	29.64	5.08	94.97
	东部	69.67	30.96	4.99	95.00
	中部	75.59	24.64	5.31	94.68
	西部	72.45	27.25	5.38	95.31
2012	全国	75.27	13.12	11.44	88.65
	东部	75.45	14.85	11.64	88.46
	中部	72.96	9.99	11.20	88.87
	西部	78.40	7.47	10.60	89.35
2014	全国	73.39	27.11	9.97	90.02
	东部	73.23	27.27	9.98	89.99
	中部	72.69	27.61	10.84	89.13
	西部	75.38	24.84	8.37	91.68

数据来源：CFPS 数据库。

通过对表 4－5 中数据的分析可见，无论是在全国还是分区域，现金及存款在金融资产中的比重都呈逐年增加的趋势，全国的现金及存款比重由 2010 年的 70.97% 上升至 2014 年的 73.39%；东部地区由 2010 年的 69.67% 上升至 2014 年的 73.23%，上升幅度最大；中部地区有所降低，西部地区由 2010 年的 72.45% 上升至 2014 年的 75.38%。对于金融资产中的股票、基金等风险资产比重则总体上呈下降趋势。全国风险资产比重由 2010 年的 29.64% 下降至 2014 年的 27.11%；东部地区则由 2010 年的 30.96% 下降至 2014 年的 27.27%；西部地区风险资产比重由 2010 年的 27.25% 下降至 2014 年的 24.84%。在 2014CFPS 家庭数据关于“风险偏好类型”调查问题的回答中，持有“高风险、高回报”投资态度的仅占 2.97%，“一般风险、稳定回报”的占 34.3%，“低风险、低回报”的占 17.6%，而“不愿意承担任何风险”的占 45.14%。这表明我国城镇居民的资产配置更倾向于储蓄这样的无风险资产。通过对金融资产与非金融资产占比情况的对比可见，整体上，我国城镇居民家庭的金融资产持有比重呈较大幅度的上升，而非金融资产比重呈下降趋势。就全国而言，金融资产占比由 2010 年的 5.08% 上升至 2014 年的 9.97%；而非金融资产比重则由 2010 年的 94.97% 下降至 2014 年的 90.02%。分地区看，金融资产占比增幅较大的是东部和中部地区城镇居民家庭，大约增长 5 个百分点；而西部地区家庭增长幅度较低，增长约 3 个百分点。这表明越是发达地区，在进行家庭资产配置时，越倾向于选择金融资产。

以上基于 CFPS 数据库，对近年来我国城镇居民家庭的医疗支出、医疗负担以及资产选择及配置情况进行了简要的统计描述，计算结果表明，我国城镇居民家庭特别是中西部城镇居民家庭的医疗支出及医疗负担较重；同时，城镇居民家庭在资产选择上倾向于持有更多的非金融资产；在金融资产中，现金以及存款等无风险资产占比达到 3/4，且持有比例有增加的趋势；而风险资产只占约 1/4，且持有比例有降低的趋势。

那么，医疗支出或医疗负担与居民家庭资产持有及分配之间是否有某种必然联系呢？相关研究表明，资产选择及资产配置与众多因素有关，如家庭总财富量、户主的职业和受教育程度、年龄、总资产规模、收入水平、所处地区、家庭人口数以及风险态度等。近年来，医疗支出或者健康状况对家庭资产选择行为的影响也逐渐成为研究者的研究主题。

第四节　医疗支出负担对城镇居民家庭资产选择及配置的影响

医疗支出的多少反映了个人或家庭成员健康状况的好坏以及对自身健康状况的重视程度，那么医疗支出负担是否会影响居民家庭的资产选择及配置行为呢？本书以下基于 CFPS 数据予以验证。

一、投资组合理论及研究简述

居民对资产的选择及配置行为本属于投资组合领域的研究范围。对这一领域的研究国内外已有大量的文献。托宾（Tobin，1958）[①] 的“两基金分离定理”以及夏普（Sharpe，1963）[②] 的“资本资产定价模型（CAPM）”是投资组合研究领域的经典基础理论。塞缪尔森（Samuelson，1969）[③] 进一步将资产选择问题从单期扩展到多期，研究生命周期内跨期资产定价行为。默顿（Merton，1969）[④] 突破完全市场条件下家庭资产最优配置的框架，将不确定性作为背景因素考虑进来。以上基础研究的共性认为，投资者的风险态度是影响风险资产最优持有比重的唯一因素。而后随着家庭微观调查数据的不断涌现，更多的家庭特征也被认为是家庭投资行为的影响因素，从而使得家庭的资产组合行为更加复杂。

将健康或医疗支出作为家庭资产组合行为的影响因素进行研究，国内外已有不少的研究成果。卢森等（Rosen，et al.，2004）[⑤]是较早开展这方面研究的。文章的研究结论是健康状况不好的投资者持有风险性金融资产的可能性更小，持有数量也更少，即健康状况影响家庭的资产选择行为。随后，贝尔科维奇和邱（Berkowitz & Qiu，2006）[⑥] 继续就健康状况影响家庭资产选择行为的机制进行了研究。其结论是健康状况与家庭金融资产选择之间并无直接关系，而是通过影响家庭的总财富进而影响金融资产的选择。范和赵（Fan & Zhao，2009）[⑦]也认为，

---

① TOBIN. Liquidity Preference as Behavior Towards Risk [J]. Review of Economic Studies，1958 (2)：65 - 86.

② SHARPE W F. A Simplified Model for Portfolio Analysis [J]. Management Science，1963 (2)：277 - 293.

③ SAMUELSON，PAUL A. Lifetime Portfolio Selection by Dynamic Stochastic Programming [J]. Review of Economics and Statistics，1969 (3)：239 - 246.

④ MERTON，ROBERT C. Lifetime Portfolio Selection under Uncertainty：The Continuous - Time Case [J]. Review of Economics and Statistics，1969 (3)：247 - 257.

⑤ ROSEN，HARVEY S，Wu S. Portfolio Choice and Health Status [J]. Journal of Financial Economics，2004 (2)：457 - 484.

⑥ BERKOWITZ M K，QIU J. Further Look at Household Portfolio Choice and Health Status [J]. Journal of Banking and Finance，2006 (30)：1201 - 1217.

⑦ FAN E，ZHAO R，Health Status and Portfolio Choice：Causality or Heterogeneity? [J]. Journal of Banking and Finance，2009 (3)：1079 - 1088.

健康与资产组合之间不存在直接的因果关系，二者的关系由被观测的投资者的个人特征所决定。在国内，吴卫星等（2011）① 的研究表明，我国投资者的健康状况虽然不显著影响其股票以及风险资产市场参与的决定，但却影响家庭持有股票或风险资产的比重，健康状况越差，这两个比重越低。陈琪等（2014）② 认为，健康因素是影响我国城市居民资产选择与配置的一个重要原因。

通过以上对已有文献的简单梳理可以发现，健康冲击对家庭资产选择行为的影响并没有形成统一的结论。分析其原因，主要是由研究方法以及测度健康状况的变量不同所导致。本书基于 CFPS 微观数据库，选用医疗保健支出比重代表家庭受到的健康冲击，分析其对家庭资产选择与配置的影响。当家庭受到健康冲击后，其资产选择特征如何，资产又如何分配？本书以下借助于 Probit 模型和 Tobit 模型予以揭示。

二、医疗支出负担对我国城镇居民家庭资产选择的影响

1. 模型及变量

本书依据金融资产、投资性住房资产、储蓄以及风险资产数据，就其取值为零和非零分别设置了是否持有以上某项资产的四个二分类变量，当持有某项资产时，取值为1（对应于该项资产持有数量非零），否则取值为0（对应于该项资产持有数量为零），并且分析医疗支出负担对以上变量的影响。由于以上所有变量均为二分类变量（即取值为 0 和 1），即离散变量，因此，通过构建二元离散选择模型予以研究。

常用的二元离散选择模型主要包括 Probit 模型和 Logit 模型。其区别 Probit 模型要求被解释变量不可观测部分的随机误差项服从标准正态分布；而 Logit 则要求其服从 logistic 分布。本书以下选择 Probit 模型用于估计医疗支出负担对我国城镇居民资产选择的影响。

令 Y 为被解释变量，X 为解释变量，Y^* 为与 Y 有关且不可观测的连续型变

① 吴卫星，荣苹果，徐芊．健康与家庭资产选择［J］．经济研究，2011（1）：43－54.

② 陈琪，刘卫．健康支出对居民资产选择行为的影响［J］．上海经济研究，2014（6）：111－118.

量，称为潜变量，且满足：

$$Y=\begin{cases}1, & Y^*>0\\0, & Y^*\leqslant 0\end{cases} \tag{4.1}$$

Y^* 与解释变量 X 呈线性关系如下：

$$Y^* = \alpha + \beta X + \mu^* \tag{4.2}$$

μ^* 服从标准正态分布且满足其他经典假定。则一般化的 Probit 模型表述形式如下：

$$P(Y=1 \mid X) = P(Y^*>0 \mid X) = P\{[\mu^* > -(\alpha+\beta X)] \mid X\}$$
$$= 1-\Phi[-(\alpha+\beta X)] = \Phi(\alpha+\beta X) \tag{4.3}$$

在本书以下的实证研究中，Y_1、Y_2、Y_3、Y_4 分别为城镇居民是否持有金融资产、投资性住房资产、储蓄以及风险资产，分别对以下解释变量及控制变量构建 Probit 模型。

其中，解释变量为城镇居民家庭医疗保健支出比重，即医疗负担（*rmed*）。控制变量包括家庭人口统计学特征变量和家庭经济变量两类。

（1）家庭人口学特征变量。已有研究往往选用户主的年龄和受教育程度，但在 CPPS 数据中，并没有标识家庭成员是否为户主的变量，因此，家庭成员中谁是户主根本无从得知。笔者认为，随着社会的进步和传统观念的演化，“户主”仅仅是户口本上一个称呼而已，与家庭决策之间并无必然联系。特别是对于城镇居民家庭，某些重大决策，比如，购房、投资等往往由家庭成员共同决定。在 2014CFPS 的家庭数据关于调查问题“家庭投资管理模式”的回答中，被调查者自己管理的占 30.67%，调查者配偶管理的占 8.26%，调查者和配偶财产独立、分别管理自己投资的占 12.16%，而双方共同管理家庭投资的占 45.06%，其他家庭成员管理的占 3.85%。因此，本书关于人口学特征的年龄以及受教育年限等变量，不属于家庭中某个个人，而是计算了家庭平均年龄（*mage*）和平均受教育年限（*medu*），并加入平均年龄的平方（$mage^2$）① 和平均受教育年限的平方项（$medu^2$），以控制可能的非线性特征。同时，对于高学历家庭，家庭平均受教育年限可能会掩盖其对家庭资产选择的影响，因此，也加入了家庭最高学历成

① 为降低变量间数量级的差异，对平均年龄的平方除以 100 进行调整。

员的受教育年限（*highedu*）。考虑家庭有高龄老人可能会加重家庭负担，进而影响对某些资产的选择，因此，也加入家庭成员最高年龄（*highage*），此外，也控制了家庭人口规模（*fsize*）。

（2）家庭经济变量。本书加入了家庭消费性支出对数（ln*con*）、家庭总财产对数（ln*asset*）以揭示相同生活水平和总资产水平下，医疗支出负担对家庭资产选择的影响。

（3）解释变量为家庭医疗保健支出比重。由于 Probit 模型参数的估计值系数仅能代表解释变量对是否持有某项资产概率的大小和方向，并不具有直接的经济意义，因此，继续计算了边际影响，以下报告的估计值均为边际影响。对于 Probit 模型，Stata 统计软件可以计算模型的正确预测比率①，详细计算原理及含义请读者查阅相关文献。以上模型可以进一步写作：

$$P(Y_j=1 \mid X)=\Phi(\alpha+\beta_1 mage+\beta_2 mage^2+\beta_3 medu+\beta_4 medu^2+\beta_5 \mathrm{max}age+\beta_6 \mathrm{max}edu+\beta_7 \ln con+\beta_8 \ln asset+\beta_9 rmed+\beta_{10} fsize) \quad (4.4)$$

$j=1，2，3，4$。

2. 估计结果分析

本书将居民全部资产分为金融资产和非金融资产，其中，金融资产包括低风险资产（如储蓄、政府债券等）和风险资产（如股票和基金等）。由于各种资产的流动性或者变现能力以及风险性不同，因此，其对各种因素影响的反应也不同。本书重点关注医疗负担对各种资产选择的影响，同时也简要分析其他控制变量的影响。将是否持有金融资产、投资性住房资产、银行存款以及风险性金融资产分别作为被解释变量，对以上解释变量以及控制变量分别在全国范围以及东部、中部、西部地区运用极大似然法估计模型的参数及边际影响。为了便于在时间上进行纵向对比，本书没有对 2012 年的数据进行分析，只给出 2010 年和 2014 年的估计结果，且仅报告各变量的系数，即 $\beta_1-\beta_{10}$ 的估计值、显著性检验结果以及模型拟合程度相关统计量，如表 4－6～表 4－13 所示。各模型的正确预测概率均在 60% 以上，部分达到 80% 甚至 90%，因此模型结果的可信度较高。

（1）关于金融资产选择。医疗负担与我国城镇居民金融资产的选择显著负

① 陈强．高级计量经济学及 Stata 应用（第二版）［M］．北京：高等教育出版社，2013.

相关（见表4-6和表4-7）①。就全国而言，2010年，医疗负担每下降1%，家庭选择金融资产的概率平均上升0.4左右，但到了2014年，上升幅度有所降低，为0.24。这一方面说明我国城镇居民在医疗负担加重时，会选择降低流动性较强的金融资产的持有以缓解医疗支出带来的冲击；相反，当医疗负担降低时，居民会更倾向于选择这一类资产以防不测。另一方面，与2010年相比，2014年，我国城镇居民医疗负担对金融资产选择的影响程度降低了近50%，这也进一步印证了前文得出的结论，即随着全民医保制度的不断完善，我国城镇居民医疗负担有下降趋势，因此，对居民金融资产选择的影响趋于下降。

表4-6 我国城镇居民家庭金融资产（Y_1）选择的Probit模型估计结果（2010）

变量 \ 模型	全国	东部	中部	西部
家庭平均年龄（*mage*）	-0.0101***	-0.0089**	-0.0208***	-0.0071
家庭平均年龄平方（$mage^2$）	0.0118***	0.0086***	0.0233***	0.0129*
家庭平均受教育年限（*medu*）	-0.0297***	-0.0346***	-0.0110	-0.0502***
家庭平均受教育年限平方（$medu^2$）	0.0018***	0.0017***	0.0014**	0.0035***
家庭最大年龄（max*age*）	-0.0004	0.0006	0.0004	-0.0027
家庭最高受教育年限（max*edu*）	0.0153***	0.0190***	0.0103*	0.0127*
家庭消费支出对数（ln*con*）	0.0830***	0.0993***	0.0373**	0.0903***
家庭总资产对数（ln*asset*）	0.0618***	0.0553***	0.0737***	0.0441***
家庭医疗支出比重（*rmed*）	-0.4004***	-0.4041***	-0.3521***	-0.4058***
家庭规模（*fsize*）	-0.0301***	-0.0442***	-0.0293**	0.0080
准R^2	0.1277	0.1350	0.1256	0.0794
准似然对数	-3623.3003	-1896.248	-1119.4053	-581.1792

① 这一结论与陈琪（2014）类似。在该文以健康状况自评作为解释变量的模型中，得出健康程度越差，城镇居民持有金融资产的概率就越小的结论。

续表

模型 变量	全国	东部	中部	西部
Wald χ^2（10）（P 值）	855.25 (0.00)	517.08 (0.00)	235.28 (0.00)	92.90 (0.00)
样本容量	6000	3222	1853	925
正确预测比率（%）	66.40	67.50	66.38	63.46

注：以上回归结果中，*** 表示在1%显著性水平下显著；** 表示在5%显著性水平下显著；* 表示在10%显著性水平下显著，下同。

表 4-7　我国城镇居民家庭金融资产（Y_1）选择的 Probit 模型估计结果（2014）

模型 变量	全国	东部	中部	西部
家庭平均年龄（*mage*）	-0.0104***	-0.0121***	-0.0058	-0.0104
家庭平均年龄平方（$mage^2$）	0.0121***	0.0138***	0.0075	0.0126*
家庭平均受教育年限（*medu*）	0.0358	0.0068	0.0969	-0.0010
家庭平均受教育年限平方（$medu^2$）	0.0016	0.0033	-0.0049	0.0089
家庭最大年龄（max*age*）	-0.0013	-0.0023*	-0.0008	0.0003
家庭最高受教育年限（max*edu*）	-0.0003	0.0064	-0.0113	-0.0013
家庭消费支出对数（ln*con*）	0.0492***	0.0658***	0.0435***	-0.0008
家庭总资产对数（ln*asset*）	0.0750***	0.0652***	0.0919***	0.0878***
家庭医疗支出比重（*rmed*）	-0.2412***	-0.2344***	-0.2184***	-0.2846**
家庭规模（*fsize*）	-0.0224***	-0.0255***	-0.0129	-0.0229*
准 R^2	0.1577	0.1740	0.1665	0.0972
准似然对数	-3112.0741	-1476.4754	-986.8687	-627.4791
Wald χ^2(10)（P 值）	897.00 (0.00)	556.92 (0.00)	218.80 (0.00)	105.03 (0.00)
样本容量	5536	2790	1738	1008
正确预测比率（%）	69.98	73.37	69.28	64.29

年龄对城镇居民家庭金融资产选择的影响呈现明显的“U 型”特征，这与大多数文献的研究结果相反。例如，巴特勒等（2000）[①] 认为，风险资本的市场参与比例随着年龄的增加而呈现出“倒 U 型”特征；而无风险资产的市场参与比例呈现出“U 型”特征。吴卫星等（2010）[②] 也认为，风险资本的市场参与比例与年龄呈现出“倒 U 型”分布的关系。其原因可能与本书使用家庭平均年龄，而并不是户主年龄的处理有关，需要进一步进行研究。2010 年，家庭平均受教育年限与家庭金融资产选择也呈现出“U 型”关系的特征，但 2014 年影响不显著。家庭最大年龄与最高受教育年限基本上与金融资产的选择没有关系。家庭规模对家庭金融资产的选择具有显著的负向影响，表明家庭规模越大，家庭开销越大，可以用来积累和投资的部分也就越少。但相比 2010 年，2014 年的边际影响在全国和东部地区均有所下降，这表明整体上或者在东部地区，家庭是否选择金融资产受家庭规模的影响在下降；但是，对于西部地区，这一影响在 2010 年不显著，但是在 2014 年显著，且边际效应绝对值大于全国，这表明西部地区城镇居民家庭对金融资产的选择在很大程度上受制于家庭规模的大小。

模型中还加入了家庭消费支出对数以及家庭总资产对数值，估计结果显示除 2010 年的西部地区外，模型的边际效应全部显著为正。家庭消费性支出的多少能够体现一个家庭的生活水平。可见，居民生活水平越高，越有能力储蓄和投资。从边际影响数值上来看，2010 年，消费支出每增加 1%[③]，居民选择金融资产的概率平均增加 0.08，但是 2014 年下降为 0.05，这表明 2014 年居民的消费意愿较 2010 年有所释放。家庭总资产对居民选择金融资产概率的影响为正，且 2014 年比 2010 年影响程度有所增加。

（2）关于投资性住房资产选择。本书将除现住房之外的住房称为投资性住房。与现住房的性质不同，投资性住房很显然有投资的功能，是家庭生活水平提高的体现，同时，也体现出家庭在资产选择方面的偏好。

通过对投资性住房资产选择的 Probit 模型估计结果的分析（见表 4－8 和

---

① GUISO, LUIGI JAPPELLI T. Household Portfolios in Italy [M]. Cambridge MIT Press, 2000.

② 吴卫星，易尽然，郑建明．中国居民家庭投资结构：基于生命周期、财富和住房的实证分析[J]．经济研究，2010 年增刊：72－82.

③ 因为本书对消费性支出取了对数，因此边际影响的含义为半弹性。

表4-9）可见，医疗支出负担对家庭是否选择投资性住房没有显著性影响。2014年，随着年龄的增长，选择投资性住房资产的概率呈现出“钟形”特征。表明处于“中年”区域年龄的家庭更趋向于进行房产投资，而“年轻”家庭和“年老”家庭对于此项投资能力不足。但是2010年这一影响不显著，这表明整体上我国城镇居民进行房产投资的能力在增强。家庭规模越大，选择投资性住房的概率也越大，在这个意义上，投资性住房首先具有住房改善的功能。

表4-8　我国城镇居民家庭投资性住房资产（Y_2）选择的Probit模型估计结果（2010）

变量＼模型	全国	东部	中部	西部
家庭平均年龄（*mage*）	-0.0006	-0.0026	0.0012	-0.0021
家庭平均年龄平方（$mage^2$）	-0.0011	-0.0001	-0.0013	0.0020
家庭平均受教育年限（*medu*）	-0.0057	-0.0068	-0.0077	-0.0024
家庭平均受教育年限平方（$medu^2$）	0.0003	0.0004	0.0004	0.0002
家庭最大年龄（max*age*）	-0.0003	-0.0012	0.0008	0.0005
家庭最高受教育年限（max*edu*）	-0.0025	-0.0033	-0.0026	-0.0002
家庭消费支出对数（ln*con*）	0.0285***	0.0201**	0.0440	0.0114
家庭总资产对数（ln*asset*）	0.0713***	0.0753***	0.0641***	0.0765***
家庭医疗支出比重（*rmed*）	-0.0422	-0.0498	-0.0265***	-0.0377
家庭规模（*fsize*）	0.0114**	0.0168**	0.0120	0.0039
准 R^2	0.1207	0.1188	0.1291	0.1157
准似然对数	-2420.3712	-1445.4855	-649.7062	-296.5945
Wald χ^2（10）（P值）	430.85 （0.00）	305.95 （0.00）	99.07 （0.00）	42.26 （0.00）
样本容量	6000	3222	1853	925
正确预测比率（%）	83.03	80.07	85.97	85.97

表4-9　我国城镇居民家庭投资性住房资产（Y_2）选择的Probit模型估计结果（2014）

变量＼模型	全国	东部	中部	西部
家庭平均年龄（*mage*）	0.0065***	0.0047	0.0068	0.0076
家庭平均年龄平方（$mage^2$）	-0.0073***	-0.0063**	-0.0062	-0.0083
家庭平均受教育年限（*medu*）	0.0032	0.0037	0.0358	-0.0555
家庭平均受教育年限平方（$medu^2$）	0.0003	0.0003	-0.0035	0.0078
家庭最大年龄（max*age*）	-0.0010	-0.0014	-0.0007	-0.0002
家庭最高受教育年限（max*edu*）	-0.0044	-0.0135	-0.0078	0.0186
家庭消费支出对数（ln*con*）	0.0227***	0.0008	0.0334***	0.0568***
家庭总资产对数（ln*asset*）	0.0909***	0.1051***	0.1091***	0.0487***
家庭医疗支出比重（*rmed*）	0.00005	-0.0035	-0.0161	0.0140
家庭规模（*fsize*）	0.0073*	0.0064	0.0115	0.0068
准 R^2	0.1557	0.1670	0.1815	0.1119
准似然对数	-2236.8071	-1182.4019	-642.7383	-387.2462
Wald $\chi^2(10)$（P值）	332.39 （0.00）	195.42 （0.00）	157.55 （0.00）	61.43 （0.00）
样本容量	5536	2790	1738	1008
正确预测比率（%）	82.68	80.65	84.52	84.72

家庭消费性支出和家庭总资产对投资性住房有显著的正向影响。但在2010年的中部地区和西部地区以及2014年的东部地区，家庭消费性支出对家庭选择投资性住房的概率影响不显著。家庭总资产对家庭投资性住房的影响除2014年的西部地区外，其他均显著为正，且相比2010年，各系数在2014年均有所增加。同时，在本书所研究的四个模型中，家庭总资产对投资性住房的边际影响最大，这表明当前我国城镇居民在其他因素既定的前提下，总资产的增加会有很大的可能体现在投资性住房上。这也在一定程度上体现了我国的房地产市场现状，居民购房更多的是利益驱动而非需求驱动。

（3）关于储蓄资产选择。本书将金融资产划分为风险资产和非风险资产，风险资产主要包括股票和基金，而非风险资产主要指银行存款。在对储蓄资产的研究中（见表4-10和表4-11），医疗负担的边际影响全部显著为负，且影响程度与金融资产类似，2010年为0.4左右，2014年下降为0.25。在两年的研究结果中，西部地区的边际影响绝对数均显著大于全国和其他地区。这表明西部地区的储蓄或消费水平受医疗负担的影响最为显著，是我国医改需要重点关注的方面。但纵向来看，医疗负担对是否储蓄概率的影响在降低。

家庭平均年龄、平均受教育年限、家庭规模以及家庭消费性支出和总资产对储蓄资产选择的影响与对金融资产选择的影响类似，这里不再赘述。

表4-10　我国城镇居民家庭储蓄资产（Y_3）选择的Probit模型估计结果（2010）

变量 \ 模型	全国	东部	中部	西部
家庭平均年龄（*mage*）	-0.0119***	-0.0118***	-0.0192***	-0.0078
家庭平均年龄平方（$mage^2$）	0.0136***	0.0116***	0.0214***	0.0135*
家庭平均受教育年限（*medu*）	-0.0236***	-0.0290***	-0.0046	-0.0417**
家庭平均受教育年限平方（$medu^2$）	0.0013***	0.0013***	0.0007	0.0027***
家庭最大年龄（max*age*）	-0.0002	0.0009	0.0001	-0.0022
家庭最高受教育年限（max*edu*）	0.0136***	0.0167***	0.0104*	0.0093
家庭消费支出对数（ln*con*）	0.0676***	0.0807***	0.0285	0.0773***
家庭总资产对数（ln*asset*）	0.0562***	0.0491***	0.0716***	0.0420***
家庭医疗支出比重（*rmed*）	-0.3990***	-0.3893***	-0.3172***	-0.5319***
家庭规模（*fsize*）	-0.0259***	-0.0363***	-0.0305**	0.0109
准 R^2	0.0960	0.0940	0.1051	0.0661
准似然对数	-3758.7347	-2013.4709	-1140.4253	-581.3735
Wald $\chi^2(10)$（P值）	692.19 （0.00）	390.30 （0.00）	207.86 （0.00）	79.07 （0.00）
样本容量	6000	3222	1853	925
正确预测比率（%）	63.80	64.03	65.62	64.00

表 4-11　我国城镇居民家庭储蓄资产（Y_3）选择的 Probit 模型估计结果（2014）

变量＼模型	全国	东部	中部	西部
家庭平均年龄（*mage*）	-0.0107***	-0.0129***	-0.0052	-0.0093
家庭平均年龄平方（$mage^2$）	0.0125***	0.0156***	0.0060	0.0103
家庭平均受教育年限（*medu*）	0.0390	-0.0133	0.0993	0.0693
家庭平均受教育年限平方（$medu^2$）	-0.0004	0.0045	-0.0031	-0.0074
家庭最大年龄（max*age*）	-0.0008	-0.0028**	0.0004	0.0021
家庭最高受教育年限（max*edu*）	-0.0002	0.0114	-0.0272	0.0057
家庭消费支出对数（ln*con*）	0.0188**	0.0353***	-0.0018	-0.0180
家庭总资产对数（ln*asset*）	0.0681***	0.0607***	0.0816***	0.0688***
家庭医疗支出比重（*rmed*）	-0.2492***	-0.2621***	-0.1736**	-0.2867**
家庭规模（*fsize*）	-0.0288***	-0.0208**	-0.0226**	-0.0391***
准 R^2	0.1109	0.1242	0.1134	0.0651
准似然对数	-3366.5276	-1614.6636	-1066.8787	-652.9285
Waldχ^2（10）（P 值）	756.80 (0.00)	474.98 (0.00)	165.29 (0.00)	82.25 (0.00)
样本容量	5536	2790	1738	1008
正确预测比率（%）	66.06	69.50	65.07	61.71

（4）关于风险资产选择。医疗负担对风险资产选择的影响（见表 4-12 和表 4-13）在 2010 年为负，全国和中部地区的边际影响值分别为 -0.057 和 -0.133，东部和西部地区影响不显著。这表明在 2010 年，较重的家庭医疗负担会限制其参与风险市场投资，这一结论与吴卫星（2011）相同。但是 2014 年变为正值，这说明较高的医疗负担会增加居民选择风险资产的概率，同时，也意味着医疗支出具有"奢侈品"的某些特征，这一结论也与陈琪（2014）一致。

家庭平均年龄对居民风险资产的选择呈现典型的"倒 U 型"，但是 2010 年只有西部地区显著，2014 年全国和东部地区均为显著的"倒 U 型"。这表明"年轻"和"年老"的家庭选择风险资产的概率较小，而"中年"家庭选择风险资产的概率较大。家庭平均受教育年限对家庭选择风险资产的影响，在 2010 年为正，但在 2014 年显示出微弱的"U 型"特征。家庭规模的影响在 2010 年显著为负，说明家庭人员越多，家庭的风险厌恶程度越高。但在 2014 年，家庭规模的大小对风险资产的持有没有显著性影响。

表 4-12　我国城镇居民家庭风险资产（Y_4）选择的 Probit 模型估计结果（2010）

变量＼模型	全国	东部	中部	西部
家庭平均年龄（*mage*）	0.0016	0.0032	-0.0051	0.0082**
家庭平均年龄平方（$mage^2$）	-0.0030	-0.0047*	0.0027	-0.0087**
家庭平均受教育年限（*medu*）	0.0141**	0.0143	0.0116	0.0343*
家庭平均受教育年限平方（$medu^2$）	-0.0005	-0.0005	-0.0002	-0.0014
家庭最大年龄（max*age*）	0.0009	0.0008	0.0022**	-0.0003
家庭最高受教育年限（max*edu*）	0.0113***	0.0132***	0.0063*	0.0152***
家庭消费支出对数（ln*con*）	0.0461***	0.0620***	0.0365***	0.0045
家庭总资产对数（ln*asset*）	0.0403***	0.0454***	0.0359***	0.0267***
家庭医疗支出比重（*rmed*）	-0.0568*	-0.0444	-0.1326***	0.0320
家庭规模（*fsize*）	-0.0271***	-0.0338***	-0.0205***	-0.0179**
准 R^2	0.2470	0.2423	0.2263	0.2955
准似然对数	-1615.24	-1002.1893	-434.1564	-163.9170
Wald $\chi^2(10)$（P 值）	688.61 (0.00)	421.59 (0.00)	175.90 (0.00)	66.34 (0.00)
样本容量	6000	3222	1853	925
正确预测比率（%）	88.88	86.53	90.88	92.97

表 4-13　我国城镇居民家庭风险资产（Y_4）选择的 Probit 模型估计结果（2014）

变量＼模型	全国	东部	中部	西部
家庭平均年龄（*mage*）	0.0045	0.0066*	0.0000	0.0030
家庭平均年龄平方（$mage^2$）	-0.0076***	-0.0099***	-0.0019	-0.0064
家庭平均受教育年限（*medu*）	-0.0678**	-0.0090	-0.1432**	-0.1109
家庭平均受教育年限平方（$medu^2$）	0.0081*	0.0023	0.0097	0.0228**
家庭最大年龄（max*age*）	0.0009	0.0015	0.0000	0.0002
家庭最高受教育年限（max*edu*）	0.0103	0.0033	0.0394**	-0.0069
家庭消费支出对数（ln*con*）	0.0432***	0.0332***	0.0653***	0.0544***
家庭总资产对数（ln*asset*）	-0.0364***	-0.0325***	-0.0453***	-0.0300***
家庭医疗支出比重（*rmed*）	0.1317***	0.1823**	0.0357	0.1104
家庭规模（*fsize*）	0.0053	0.0023	-0.0042	0.0131

续表

变量＼模型	全国	东部	中部	西部
准 R^2	0.0310	0.0279	0.0455	0.0284
准似然对数	-3576.0512	-1845.712	-1083.0996	-622.7286
Waldχ^2（10）（P 值）	321.68 (0.00)	155.82 (0.00)	132.30 (0.00)	42.14 (0.00)
样本容量	5536	2790	1738	1008
正确预测比率（%）	61.36	57.42	63.58	67.56

家庭消费性支出对风险资产选择概率的影响显著且为正，但是家庭总资产对风险资产选择的影响由2010年的显著为正变为2014年的显著为负，其原因需要进一步深入研究。

三、医疗支出负担对我国城镇居民家庭资产配置的影响

以上利用Probit模型分析了影响我国城镇居民资产选择的因素，这些因素对于各类资产在其全部财产中占比的影响又如何，尤其是医疗负担的不同是否会影响家庭持有各类资产的比重，本书以下进行分析。

1. 模型及变量

本书计算了总资产中金融资产、非金融资产以及投资性住房资产的比重，对于金融资产，又分别计算了储蓄和风险资产的比重，分析医疗负担对以上变量的影响。由于各类资产在总资产中的比重变量均存在大量的0值，属于被解释变量归并问题，因此，利用Tobit模型估计各变量的影响。

令 Y 为被解释变量，X 为解释变量，Y^* 为与 Y 有关且不可观测的连续型变量，称为潜变量，且满足：

$$Y=\begin{cases}0, & Y^*\leqslant 0\\ Y^*, & Y^*>0\end{cases} \tag{4.5}$$

Y^* 与解释变量 X 呈线性关系如下：

$$Y^*=\alpha+\beta X+\sigma\mu \tag{4.6}$$

σ 为比例系数，μ 为满足经典假定的随机扰动项。

在本书以下的实证研究中，Y_1、Y_2、Y_3、Y_4 分别为城镇居民持有金融资产、投资性住房资产、储蓄以及风险资产的比重，分别对以下解释变量及控制变量构建 Tobit 模型。

解释变量为家庭医疗保健支出比重即医疗负担（*rmed*）。控制变量与上述资产选择模型中相同，即家庭平均年龄（*mage*）、平均年龄的平方（$mage^2$）、家庭平均受教育年限（*medu*）、平均受教育年限的平方（$medu^2$）、家庭最高年龄（max*age*）、家庭最高受教育年限（max*edu*）、家庭规模（*fsize*）等家庭人口学特征变量以及经济学变量，如家庭消费性支出对数（ln*con*）和家庭总资产对数（ln*asset*）两类。以上模型可以进一步写成：

$$Y_j^* = \alpha + \beta_1 mage + \beta_2 mage^2 + \beta_3 medu + \beta_4 medu^2 + \beta_5 \max age + \beta_6 \max edu + \beta_7 \ln con + \beta_8 \ln asset + \beta_9 rmed + \beta_{10} fsize + \sigma\mu \tag{4.7}$$

$j=1，2，3，4$。

由于 Tobit 模型参数的估计值为系数，仅能代表解释变量对持有某项资产比重概率影响的大小和方向，并不具有直接的经济意义，因此，本书也计算了边际影响，以下报告的估计值均为边际影响。

2. 估计结果分析

将持有金融资产（Y_1）、投资性住房资产（Y_2）、银行存款（Y_3）以及风险性金融资产（Y_4）的比重分别作为被解释变量，对以上解释变量以及控制变量分别在全国范围以及东部、中部、西部地区估计模型的参数。为了便于在时间上进行纵向对比，本书没有对 2012 年的数据进行分析，只给出 2010 年和 2014 年的估计结果，且仅报告各变量的回归系数、显著性检验结果以及模型拟合程度相关统计量，如表 4－14～表 4－21 所示。由估计结果可得出如下结论：

（1）关于金融资产配置。医疗负担与我国城镇居民金融资产的比重显著负相关（见表 4－14 和表 4－15）。就全国而言，2010 年，医疗负担每增加 1%，家庭金融资产比重平均下降 0.1755% 左右，2014 年，下降幅度有所降低，为 0.1543%。这说明一方面我国城镇居民在医疗负担加重时，会减少流动性较强的金融资产的持有比例以缓解医疗支出带来的冲击；相反，当医疗负担降低时，居民会增加这一类资产的比重，以便在未来遭遇医疗冲击时变现。另一方面，与

2010年相比，2014年我国城镇居民医疗负担对金融资产配置的影响程度有所降低，这与前文得出的结论一致，即我国城镇居民医疗负担有下降趋势，因此，对居民金融资产比重的影响趋于下降。

表4-14　我国城镇居民家庭金融资产配置（Y_1）的Tobit模型估计结果（2010）

变量 \ 模型	全国	东部	中部	西部
家庭平均年龄（*mage*）	-0.0064***	-0.0074***	-0.0101***	0.0011
家庭平均年龄平方（$mage^2$）	0.0070***	0.0069***	0.0109***	0.0014
家庭平均受教育年限（*medu*）	-0.0093***	-0.0119***	0.0011	-0.0209***
家庭平均受教育年限平方（$medu^2$）	0.0006***	0.0006***	0.0003	0.0012***
家庭最大年龄（max*age*）	0.00005	0.0007	0.0008	-0.0022**
家庭最高受教育年限（max*edu*）	0.0053***	0.0067***	0.0017	0.0074**
家庭消费支出对数（ln*con*）	0.0396***	0.0448***	0.0237***	0.0300***
家庭总资产对数（ln*asset*）	0.0034**	-0.0003	0.0116***	-0.0015
家庭医疗支出比重（*rmed*）	-0.1755***	-0.1776***	-0.1677***	-0.1382***
家庭规模（*fsize*）	-0.0184***	-0.0262***	-0.0179***	0.0025
准 R^2	0.2434	0.2810	0.2186	0.1951
似然对数	-886.4311	-407.4625	-304.0608	-134.3395
LR χ^2（10）（P值）	570.42 （0.00）	318.46 （0.00）	170.16 （0.00）	65.11 （0.00）
样本容量	6000	3222	1853	925

表4-15　我国城镇居民家庭金融资产配置（Y_1）的Tobit模型估计结果（2014）

变量 \ 模型	全国	东部	中部	西部
家庭平均年龄（*mage*）	-0.0083***	-0.0108***	-0.0037	-0.0070**
家庭平均年龄平方（$mage^2$）	0.0090***	0.0109***	0.0053*	0.0080**
家庭平均受教育年限（*medu*）	0.0644***	0.0546**	0.0886***	0.0211
家庭平均受教育年限平方（$medu^2$）	-0.0037	-0.0031	-0.0065	0.0024
家庭最大年龄（max*age*）	-0.0010*	-0.0013	-0.0007	-0.0002
家庭最高受教育年限（max*edu*）	-0.0148**	-0.0156*	-0.0138	-0.0121

续表

变量＼模型	全国	东部	中部	西部
家庭消费支出对数（ln*con*）	0.0274***	0.0417***	0.0150*	0.0012
家庭总资产对数（ln*asset*）	0.0206***	0.0171***	0.0274***	0.0217***
家庭医疗支出比重（*rmed*）	-0.1543***	-0.1586***	-0.1384***	-0.1618***
家庭规模（*fsize*）	-0.0226***	-0.0315***	-0.0088	-0.0166***
准 R^2	0.1303	0.1189	0.1621	0.1227
似然对数	-2053.3031	-1169.0359	-542.9927	-283.2632
LRχ^2（10）（P 值）	615.52 (0.00)	315.54 (0.00)	210.03 (0.00)	79.27 (0.00)
样本容量	5536	2790	1738	1008

年龄对城镇居民家庭金融资产比重的影响也呈现明显的“U 型”特征，即“中年”家庭持有的金融资产比重最低，而“年轻”家庭和“老年”家庭持有金融资产的比重较高。其原因可能是对于“中年”家庭，由于面临上有老下有小的人生最大负担期，家庭支出负担较重，积累相对困难。而“年轻”家庭和“年老”家庭负担相对较轻，积累能力较强。家庭平均受教育年限对金融资产配置的影响在 2010 年也呈“U 型”。在“U 型”的左半部分，随着家庭平均受教育程度由文盲半文盲或小学水平向中学层次递进，家庭生活水平和消费观念不断提高，但由于收入有限，导致金融资产的持有比重呈下降趋势；在“U 型”的右半部分，家庭平均受教育程度由中等层次逐渐向学历递进，收入提高的速度较快，居民在满足了消费需求后，可以有较多的剩余部分以金融资产的形式持有。2014 年，家庭平均受教育年限的二次项边际影响不显著，一次项系数为正，这表明家庭持有金融资产的比重随着家庭平均受教育年限的增加而增加。家庭最大年龄在 2010 年的西部地区和 2014 年的全国均与家庭金融资产持有比重呈负相关关系，这说明家里有高龄老人的家庭负担相对较重，积累困难。家庭最高受教育年限与金融资产的持有比重由 2010 年的显著正相关转变为 2014 年的显著负相关。这表明随着社会的进步，家庭最高受教育年限的成员显著影响家庭的金融决策权，且受教育程度越高，收入水平和工作环境相对较高，因此消费意愿越强。家庭规模

对家庭金融资产比重具有显著的负向影响，这表明家庭规模越大，家庭开销越大，可以用来积累和投资的部分也就越少。

观察家庭消费性支出对数以及家庭总资产对数值的回归结果，可见大多数模型的边际效应显著为正。这表明居民生活水平越高，储蓄能力及储蓄意愿也越强。从边际影响数值上来看，2010 年，消费支出每增加 1%①，居民持有金融资产的比重平均增加 3. 96%，但是 2014 年下降为 2. 74%，这表明 2014 年居民的消费意愿较 2010 年有所释放。家庭总资产对居民金融资产持有比重影响为正，且 2014 年比 2010 年影响程度有所增加。

（2）关于投资性住房资产配置。通过对投资性住房资产配置的 Tobit 模型估计结果的分析（见表 4 – 16 和表 4 – 17）可见，医疗支出负担对家庭投资性住房比重没有显著性影响。2010 年，年龄和受教育年限以及家庭规模对家庭投资性住房比重也没有显著性影响。2014 年，随着年龄的增长，投资性住房资产比重呈现出"钟形"特征。表明处于"中年"区域年龄的家庭更趋向于进行房产投资，而"年轻"家庭和"年老"家庭对于此项投资能力不足。2014 年的家庭规模与投资性住房比重的关系显著为正，表明投资性住房同时具有住房改善的功能。

表 4 – 16 我国城镇居民家庭投资性住房资产配置（Y_2）的 Tobit 模型估计结果（2010）

变量 \ 模型	全国	东部	中部	西部
家庭平均年龄（*mage*）	–0. 0079	–0. 0138	–0. 0052	–0. 0085
家庭平均年龄平方（$mage^2$）	0. 0015	0. 0047	0. 0044	0. 0078
家庭平均受教育年限（*medu*）	–0. 0191	–0. 0208	–0. 0253	–0. 0183
家庭平均受教育年限平方（$medu^2$）	0. 0010	0. 0011	0. 0015	0. 0012
家庭最大年龄（max*age*）	–0. 0003	–0. 0019	0. 00418	0. 0012
家庭最高受教育年限（max*edu*）	–0. 0099	–0. 0098	–0. 0144	–0. 0019
家庭消费支出对数（ln*con*）	0. 0900 ***	0. 0511	0. 1658 ***	0. 0696
家庭总资产对数（ln*asset*）	0. 2073 ***	0. 1922 ***	0. 2121 ***	0. 2955 ***

① 本书对消费性支出取了对数，因此，边际影响的含义为半弹性。

续表

变量 \ 模型	全国	东部	中部	西部
家庭医疗支出比重（*rmed*）	-0.1364	-0.1759	-0.0573	-0.1167
家庭规模（*fsize*）	0.0225	0.0238	0.0420	0.0107
准 R^2	0.1018	0.1048	0.1019	0.0958
似然对数	-2632.9001	-1573.6105	709.7986	-319.4231
LRχ^2（10）（P 值）	596.91 （0.00）	368.59 （0.00）	161.12 （0.00）	67.68 （0.00）
样本容量	6000	3222	1853	925

表 4-17　我国城镇居民家庭投资性住房资产配置（Y_2）的 Tobit 模型估计结果（2014）

变量 \ 模型	全国	东部	中部	西部
家庭平均年龄（*mage*）	0.0189***	0.0103	0.0295**	0.0215
家庭平均年龄平方（$mage^2$）	-0.0211***	-0.0151*	-0.0240*	-0.0248
家庭平均受教育年限（*medu*）	0.0162	0.0238	0.1144	-0.2188
家庭平均受教育年限平方（$medu^2$）	0.0004	-0.0026	-0.0103	0.0350
家庭最大年龄（max*age*）	-0.0039*	-0.0039	-0.0057	-0.0011
家庭最高受教育年限（max*edu*）	-0.0161	-0.0315	-0.0293	0.0469
家庭消费支出对数（ln*con*）	0.0625***	0.0047	0.1025***	0.1791***
家庭总资产对数（ln*asset*）	0.2555***	0.2711***	0.3260***	0.1686***
家庭医疗支出比重（*rmed*）	0.0013	0.0055	-0.0742	0.0103
家庭规模（*fsize*）	0.0161	0.0029	0.0520**	0.0112
准 R^2	0.1329	0.1468	0.1508	0.0912
似然对数	-2475.2834	-1304.9877	-717.8226	-429.3058
LRχ^2（10）（P 值）	758.50 （0.00）	449.06 （0.00）	254.93 （0.00）	86.20 （0.00）
样本容量	5536	2790	1738	1008

家庭消费性支出和家庭总资产对投资性住房有显著的正向影响。但东部地区家庭消费性支出对家庭选择投资性住房的概率影响不显著，而全国和其他地区显

著。家庭总资产对家庭投资性住房的影响除2014年的西部地区外，其他均显著为正。在本书所研究的四个模型中，家庭总资产对投资性住房比重的边际影响最大，表明我国城镇居民购房更多的是利益驱动而非需求驱动。

（3）关于储蓄资产配置。在对储蓄资产的研究中（见表4－18和表4－19），医疗负担的边际影响全部显著为负，且影响程度在所有模型和变量中最大。2010年，医疗支出比重每增加1%，全国、东部、中部和西部地区居民家庭储蓄资产平均下降4.55%、3.63%、4.29%和11.89%。2014年平均下降分别为1.11%、1.16%、0.70%（统计不显著）和1.37%。在两年的研究结果中，西部地区的边际影响绝对数均显著大于全国和其他地区。这表明西部地区城镇居民家庭的储蓄或消费水平受医疗负担的影响程度最大，即西部地区城镇居民的储蓄更具有预防预期医疗支出不确定性的特征。但纵向来看，医疗负担对储蓄资产比重的影响在降低。

表4－18　我国城镇居民家庭储蓄资产配置（Y_3）的Tobit模型估计结果（2010）

变量 \ 模型	全国	东部	中部	西部
家庭平均年龄（*mage*）	-0.1449***	-0.1212***	-0.2457***	-0.2403
家庭平均年龄平方（$mage^2$）	0.1723***	0.1230***	0.2962***	0.3807**
家庭平均受教育年限（*medu*）	-0.0980	-0.1304	0.1147	-0.6632
家庭平均受教育年限平方（$medu^2$）	0.0034	0.0024	-0.0022	0.0412*
家庭最大年龄（max*age*）	-0.0064	0.0068	-0.0102	-0.0541
家庭最高受教育年限（max*edu*）	0.0932**	0.0999**	0.0850	0.0926
家庭消费支出对数（ln*con*）	0.5699***	0.5226***	0.1687	1.8835***
家庭总资产对数（ln*asset*）	0.5403***	0.3761***	0.8789***	0.7799**
家庭医疗支出比重（*rmed*）	-4.5571***	-3.6369***	-4.2929***	-11.8913***
家庭规模（*fsize*）	-0.1998**	-0.2730***	-0.2836	0.4021
准 R^2	0.0470	0.0397	0.0620	0.0429
似然对数	-5253.0389	-2954.6945	-1538.1875	-715.1617
LRχ^2（10）（P值）	517.98 （0.00）	244.37 （0.00）	203.49 （0.00）	64.04 （0.00）
样本容量	6000	3222	1853	925

表 4-19 我国城镇居民家庭储蓄资产配置（Y_3）的 Tobit 模型估计结果（2014）

变量 \ 模型	全国	东部	中部	西部
家庭平均年龄（*mage*）	-0.0449***	-0.0497***	-0.0217	-0.0428
家庭平均年龄平方（$mage^2$）	0.0588***	0.0649***	0.0308	0.0560
家庭平均受教育年限（*medu*）	0.3557**	0.0589	0.8581**	0.4849
家庭平均受教育年限平方（$medu^2$）	-0.0334	-0.0051	-0.0559	-0.0784
家庭最大年龄（max*age*）	-0.0048	-0.0106*	0.0006	0.0074
家庭最高受教育年限（max*edu*）	-0.0324	0.0112	-0.2121*	0.0421
家庭消费支出对数（ln*con*）	-0.0723	-0.0070	-0.2114**	-0.2227*
家庭总资产对数（ln*asset*）	0.3025***	0.2401***	0.4151***	0.3493***
家庭医疗支出比重（*rmed*）	-1.1159***	-1.1676***	-0.7017	-1.3741*
家庭规模（*fsize*）	-0.0987***	-0.0554	-0.0615	-0.1890**
准 R^2	0.0497	0.0490	0.0598	0.0325
似然对数	-5482.4106	-2806.168	-1659.6293	-974.4648
LRχ^2（10）（P 值）	573.05 （0.00）	289.22 （0.00）	211.21 （0.00）	65.52 （0.00）
样本容量	5536	2790	1738	1008

家庭平均年龄、平均受教育年限、家庭规模以及总资产对储蓄资产比重的影响与对金融资产比重的影响类似，这里不再赘述。家庭消费性支出对储蓄资产比重的影响由 2010 年的显著为正变为 2014 年的负向影响，但只有中部地区显著，全国和东部以及西部地区均不显著。这进一步表明了 2014 年我国城镇居民的消费潜力有所释放。

（4）关于风险资产配置。医疗负担对风险资产配置的影响在 2010 年为负（见表 4-20 和表 4-21），全国和中部地区的边际影响值分别为 -0.4163 和 -0.2596，东部和西部地区影响不显著。这表明在 2010 年，较重的家庭医疗负担会降低其风险资产的持有比例。但是，2014 年变为正值，即居民家庭医疗负担增大反而会增加居民持有风险资产的比重。这意味着随着我国资本市场的不断完善，居民对风险资产的驾驭能力在增强，风险厌恶程度在降低。

表 4-20 我国城镇居民家庭风险资产配置（Y_4）的 Tobit 模型估计结果（2010）

变量 \ 模型	全国	东部	中部	西部
家庭平均年龄（*mage*）	0.0170	0.0266	-0.0474	0.1189
家庭平均年龄平方（$mage^2$）	-0.0268*	-0.0360**	0.0336	-0.1264
家庭平均受教育年限（*medu*）	0.1334***	0.1144**	0.1067	0.6482*
家庭平均受教育年限平方（$medu^2$）	-0.0047**	-0.0047*	-0.0015	-0.0260
家庭最大年龄（max*age*）	0.0060	0.0050	0.0169*	-0.0086
家庭最高受教育年限（max*edu*）	0.0861***	0.0836***	0.0530*	0.2443***
家庭消费支出对数（ln*con*）	0.3658***	0.3925***	0.3297***	0.1142
家庭总资产对数（ln*asset*）	0.3090***	0.2922***	0.2966***	0.4051***
家庭医疗支出比重（*rmed*）	-0.4163*	-0.3047	-1.2596**	1.1176
家庭规模（*fsize*）	-0.2082***	-0.2229***	-0.1573**	-0.2704
准 R^2	0.1912	0.1825	0.1856	0.2307
似然对数	-2060.9604	-1304.1412	-524.1923	-212.2182
LRχ^2（10）（P 值）	974.28 (0.00)	582.31 (0.00)	238.89 (0.00)	127.30 (0.00)
样本容量	6000	3222	1853	925

表 4-21 我国城镇居民家庭风险资产配置（Y_4）的 Tobit 模型估计结果（2014）

变量 \ 模型	全国	东部	中部	西部
家庭平均年龄（*mage*）	0.0450***	0.0500***	0.0217	0.0428
家庭平均年龄平方（$mage^2$）	-0.0590***	-0.0652***	-0.0308	-0.0560
家庭平均受教育年限（*medu*）	-0.3550**	-0.0570	-0.8581**	-0.4849
家庭平均受教育年限平方（$medu^2$）	0.0333	0.0049	0.0559	0.0784
家庭最大年龄（max*age*）	0.0048	0.0106*	-0.0006	-0.0074
家庭最高受教育年限（max*edu*）	0.0327	-0.0106	0.2121**	-0.0421
家庭消费支出对数（ln*con*）	0.0718	0.0061	0.2114**	0.2227*
家庭总资产对数（ln*asset*）	-0.3027***	-0.2404	-0.4151***	-0.3493***
家庭医疗支出比重（*rmed*）	1.1184***	1.1721***	0.7017	1.3741*
家庭规模（*fsize*）	0.0990***	0.0557	0.0615	0.1890**
准 R^2	0.0496	0.0490	0.0598	0.0325

续表

变量＼模型	全国	东部	中部	西部
似然对数	-5481.7971	-2805.534	-1659.6293	-974.4648
LRχ^2（10）（P 值）	572.70 （0.00）	289.05 （0.00）	211.21 （0.00）	65.52 （0.00）
样本容量	5536	2790	1738	1008

2010 年，家庭平均年龄对居民风险资产比值的影响为非线性，且随着家庭平均年龄的增加，家庭持有风险资产的比重在降低。2014 年，全国和东部地区均呈现出显著的“倒 U 型”特征。这表明“年轻”和“年老”的家庭持有风险资产的比重较小，而“中年”家庭持有风险资产的比重较大。家庭平均受教育年限对家庭选择风险资产的影响，在 2010 年为“倒 U 型”特征，但 2014 年的全国和中部地区显著线性负相关。家庭规模的影响在 2010 年显著为负，这说明家庭人口越多，家庭的风险厌恶程度越高。但在 2014 年的全国和西部地区，家庭规模的大小对风险资产比重呈现出显著的正向影响，这说明整体上我国城镇居民的风险喜好程度在增强。

家庭消费性支出对风险资产比重的影响除 2010 年的西部以及 2014 年的全国和东部地区之外全部显著，且为正。但是，家庭总资产对风险资产比重的影响由 2010 年的显著为正变为 2014 年的显著为负。与对家庭风险资产选择的影响一致，其原因需要进一步深入研究。

第五节　基于心理核算账户的解释

在 2010 年 CFPS 家庭数据“致贫的主要原因”这一问题的回答中，有效观测量数为 1397 个家庭，其中，24.05% 为“缺少劳动力”，11.74% 为“自然条件

差或灾害”，12.74%为“下岗、失业”，0.72%为“投资失败”，11.88%为“其他原因”，而“因疾病或损伤原因”所导致的贫困占到38.87%。在2010CFPS的成人问卷中，对于“您家直接支付的所有住院费用在多大程度上超过了您家的支付能力”这一问题的回答时，有效观测量为2464个，其中，33.16%的受访者表示“严重超过”，19.40%回答“轻微超过”，20.09%的受访者表示“尚能支付”，“能够支付”的占22.36%，“只占个人能力的一小部分”的仅占4.99%，也就是说，超过家庭支付能力的占到全部受访者的一半，而能够轻松应对的只占27.35%。从以上两个问题的回答中可以看出，因病致贫、因病返贫、医疗负担偏重仍然是现阶段我国城乡居民面临的严峻问题。

可见，无论是客观的医疗负担数据，还是居民对医疗负担的主观感受，都表明医疗负担是影响居民生活质量和幸福感的重要因素。为尽可能降低这种影响，面对医疗支出的不确定性预期，在医疗保障制度仍然还不是特别完善的情况下，居民只能通过降低当前消费进行预防性储蓄。

通过对CFPS相关数据的分析发现，我国城镇居民在资产配置方面，无论是在全国还是分区域，现金及存款等安全资产在金融资产中的比重均呈逐年增加的趋势，而股票、基金等风险资产比重则总体上呈下降趋势；在总资产中，金融资产持有比重呈较大幅度的上升，而非金融资产比重呈下降趋势。分地区看，金融资产占比增幅较大的是东部和中部地区城镇居民家庭，而西部地区家庭增长幅度较低，表明越是发达地区，在进行家庭资产配置时，越会更多地选择金融资产。而家庭资产的选择及配置是投资者投资心理活动的最终体现，从心理账户的角度如何理解医疗负担对我国城镇居民家庭资产组合的影响，本书以下予以分析。

一、行为资产组合理论简介

根据理性投资组合理论，投资者的目标是投资组合的期望收益最大化。然而事实上，投资者会更加关心不同资产分别的收益情况，往往会将其资金分成安全账户和风险账户。前者是无风险账户，起到财富保障、避免贫穷的作用；投资者也会安排一定的财富进入风险账户进行风险投资活动，以期获得更大的收益，达到使其富有的目的。舍温和迈尔（Sherfin & Meir，2000）[①] 将这种心理账户的概念引入金融学的投资组合理论，提出了行为投资组合理论，并用一个金字塔结构的图形解释该理论。处在金字塔最底端的是安全性最强的资产，包括现金、货币市场基金和银行存款等；中间层包括政府债券、地方债券、公司债券等，其安全性仅次于现金及银行存款，但收益稍高；位于金字塔的顶端的包括股票、房地产投资、贵重金属投资等，属于高风险、高收益资产。投资者对其资产进行分层管理，每一层对应一个目标，这里每一层就对应于投资者的不同心理账户。

二、基于心理账户及医疗支出不确定性预期的城镇居民资产组合分析

本章第四节通过构建医疗负担与资产离散选择模型的研究其结论是医疗支出负担对我国城镇居民资产选择具有显著的负向影响（基于2010年和2014年数据的回归边际影响分别为-0.4和-0.24，且在统计上显著），即当医疗负担加重时，会选择降低流动性较强金融资产的持有以缓解医疗支出带来的冲击；相反，当医疗负担降低时，居民会更倾向于选择这一类资产以防不测。本书将金融资产分为安全资产（如现金和银行存款等）以及风险资产（如股票、基金等）。研究表明，医疗支出负担对现金及银行存款类安全资产的影响程度与金融资产类似，即负向影响（基于2010年和2014年数据的回归边际影响分别为-0.4和-0.25，且在统计上显著），且西部地区的边际影响均显著大于全国和其他地区。这表明我国城镇居民持有安全型资产的动机与应对医疗支出压力有着绝对的关系，而西部地区的储蓄或消费水平，受医疗负担的影响最为显著，是我国医改需要重点关注的方面。但医疗负担对风险资产持有的影响大小，在2010年数据的研究结果中为-0.06，在2014年数据的研究结果中为0.1317；对家庭是否选择投资性住房没有显著性影响。这表明对于城镇居民是否持有股票、房地产等风险资产，其与承受的医疗负担以及医疗支出的不确定性预期关系不大。

---

① SHERFIN H，MEIR S. Behavior Portfolio Theory [J]. Journal of Financial and Quantitative Analysis，2000 (35)：127-151.

根据李爱梅等（2012）的研究结论，我国居民设有“安全型保障账户”和“风险型存储账户”两个心理账户，这两个账户分别位于资产组合理论金字塔的底端和顶端。位于金字塔最底端的安全型保障账户中既包括流动性极强的现金及银行存款，也包括流动性较弱但具有保值增值功能的土地、收藏品、现有住房等非金融资产，这是目前我国城镇居民最为“钟情”的账户，该账户呈现逐年“膨胀”的趋势，几乎占到全部资产的70%以上。位于金字塔顶端的“风险型存储账户”则包括股票等风险性金融资产以及投资性住房资产等，仅占全部家庭资产的不到20%。由以上分析可知，现金及银行存款受医疗负担的影响很大，因此，本书认为，在我国，“安全型保障账户”除了具备财富保障、避免贫穷的功能外，还有应对医疗支出预期不确定性的功能。而“风险型存储账户”中的股票等金融资产受医疗负担的影响较小，投资性住房资产受医疗支出不确定性的影响不显著，这是由于居民对不同心理账户的功能定位不同所导致的。另外，我国城镇居民的资产组合属于“厚底型”金字塔，避免贫穷、财富保值以及应对未来支出特别是医疗支出的不确定性是城镇居民目前持有财富的最重要心理动机。

但纵向来看，医疗负担对风险资产配置的影响由2010年的负值变为2014年的正值，这意味着随着我国资本市场的不断完善以及居民对风险资产驾驭能力的增强，城镇居民家庭在医疗负担增大时，会考虑通过增加持有风险资产的比重以获得更高的收益。

第六节 本章小结

本章基于我国转轨以来医疗体制改革的背景，通过对CFPS微观数据的分析，深入研究了现阶段我国城镇居民医疗支出及医疗负担的基本现状及其对家庭各类资产选择和资产配置情况的影响。通过研究得出以下基本结论：

一、医疗负担情况

总体上来看，家庭医疗负担在 2010 ~ 2014 年呈逐年下降趋势[①]；分地区来看，东部地区的医疗支出虽然在绝对数上最大，但医疗负担相对最低，且下降幅度最大；而中部地区城镇居民的医疗负担最大，下降幅度也最小，西部地区的医疗负担及下降幅度居中。东部地区城镇居民医疗负担的贫富差异在缩小，而中部和西部地区居民医疗负担的贫富差异却在扩大。因此可以说，全民医保政策受益较大的是东部相对发达地区，而广大中西部城镇居民的医疗负担形势仍然很严重。

二、资产选择情况

我国城镇居民的金融资产、现金及存款以及风险资产持有量均呈逐年增加趋势。分地区来看，无论是哪一年哪一类资产，都呈现出东部、中部、西部逐级降低的特征，且东部地区的资产持有量显著高于中西部地区。结合以上对各地区城镇居民医疗负担的分析，东部地区城镇居民的医疗负担低于中西部地区，但金融资产的持有量却显著高于中西部地区城镇居民，这表明相对于中西部地区居民而言，我国东部地区城镇居民的储蓄意愿更为强烈。

三、资产配置情况

无论是在全国还是分区域，现金及存款在金融资产中的比重都呈逐年增加的趋势，而股票、基金等风险资产比重则总体上呈下降趋势；金融资产持有比重呈现较大幅度的上升，而非金融资产比重呈下降趋势。分地区来看，金融资产占比增幅较大的是东部和中部地区城镇居民家庭，而西部地区家庭增长幅度较低，这

① 事实上，每个年度的调查时间是上一年的 7 月份至当年的 7 月份，而收支数据来源于“您家过去一年……”相关问题的回答，因此，以上每个年度的数据其实是前 1 ~ 2 个年度城镇居民收支情况的体现。

表明越是发达地区，在进行家庭资产配置时，越会倾向于选择金融资产。

四、医疗支出负担对资产选择的影响

我国城镇居民在医疗负担加重时，会选择降低流动性较强的金融资产的持有以缓解医疗支出冲击；相反，当医疗负担下降时，居民会更倾向于选择这一类资产以防不测。医疗支出负担对家庭是否选择投资性住房没有显著性影响，对储蓄资产的影响程度与金融资产类似，即负向影响，且西部地区的边际影响绝对数均显著大于全国和其他地区。这表明西部地区的储蓄或消费水平，受医疗负担的影响最为显著，是我国医改需要重点关注的地区。但纵向来看，医疗支出负担对是否进行储蓄概率的影响在降低。

五、医疗支出负担对资产配置的影响

医疗支出负担与我国城镇居民金融资产的比重显著负相关；对家庭投资性住房比重没有显著性影响；对储蓄资产的边际影响全部显著为负，且影响程度在所有模型和变量中最大。医疗负担对风险资产配置的影响在 2010 年为负，但是 2014 年变为正值，即居民家庭医疗支出负担增大会增加居民持有风险资产的比重。这意味着随着我国资本市场的不断完善，居民对风险资产的驾驭能力在增强，风险厌恶程度在降低。

六、持有财富的心理

我国城镇居民的资产组合属于“厚底型”金字塔，避免贫穷、财富保值以及应对未来支出特别是医疗支出的不确定性是其目前持有财富的最重要心理动机。

综上可见，我国城镇居民的医疗支出负担会显著影响家庭各类资产的市场参与及配置情况。总体上来说，医疗负担加重时，会选择降低金融资产的选择概率及持有比例，以缓解医疗支出对家庭的冲击；当医疗负担降低时，会增加金融资产的持有概率及持有比例，以抵御预期可能的医疗支出的增加。转轨以来，随着各项医疗制度改革的推进，我国城镇居民的医疗支出面临很大的不确定性预期。这种不确定性预期与当前我国城镇居民消费不足是否有某种必然联系？本书下一章将基于缓冲储备模型就这一问题展开讨论，即检验消费者是否会持有一个资产与永久收入比率的目标值，并通过增加或减少现有资产持有水平而保证实际资产收入比率与目标比率基本一致。如果是，那么增加资产持有也就意味着增加储蓄，降低消费，从而构成了导致当前我国城镇居民消费不足的一个重要原因。

第五章
医疗支出不确定条件下城镇居民的缓冲储备行为研究

由上一章的分析可知，我国城镇居民的医疗负担支出会显著影响其持有各类型资产的选择及其配置。且金融资产、储蓄资产等与城镇居民的医疗负担呈负相关关系，即医疗负担较轻的家庭，出于应对未来医疗支出的不确定性预期，会增加储蓄等金融资产以便在需要的时候随时变现，存在预防性储蓄动机；对于医疗负担较重的家庭，会降低选择储蓄等金融资产的可能性，或者会变现此类流动性较强的资产，从而缓解健康支出给家庭带来的冲击，以维持当前的消费水平。

由于预防性储蓄动机的存在，居民会额外增加储蓄，降低消费支出，进而导致城乡居民整体消费低迷，这一结论几乎已成为所有学者的共识。预防性储蓄背后的不确定性来自多个方面，我国学者从收入、住房、教育、医疗等进行了解释。本书基于医疗改革背景下城镇居民医疗支出负担显著影响其资产选择及配置的事实，重点讨论由医疗支出不确定性所导致的预防性储蓄特征。缓冲储备模型是预防性储蓄理论体系的重要组成部分，该理论对不确定性引发预防性储蓄路径的刻画更加明确。本章以该理论为框架，实证检验医疗支出预期不确定性条件下我国城镇居民的储蓄行为是否具备缓冲储备特征，并且运用心理核算账户的概念对相关结果予以解释。

第一节　医疗支出不确定与居民消费关系的研究成果回顾

国内很少有成果专门研究医疗支出的不确定性对居民消费的影响。经典的预防性储蓄模型主要验证收入不确定性是否影响居民消费或储蓄，国内学者在研究我国城乡居民的预防性储蓄动机时，往往加入医疗、教育、住房等支出的不确定性。在几乎所有不确定性因素影响居民消费的文献中，涉及的不确定性主要包括以下四种情形：第一种情形，仅研究收入的不确定性，如宋铮（1999）[①]、万广华等（2001）[②]、龙志和和周浩明（2001）[③]、郭英彤（2011）[④]、雷震和张安全（2013）[⑤]、宋明月和臧旭恒（2016）[⑥] 等的研究无一例外地认为收入的不确定性是导致居民进行预防性储蓄的重要原因。第二种情形，在此基础上分离出支出的不确定性，如孙凤（2002）[⑦]、张安全（2013）[⑧]、尚昀（2016）[⑨] 等认为，收入和支出的不确定性是导致我国居民预防性储蓄的重要原因。第三种情形，将收入与支出的不确定性合并。陈冲（2012）[⑩] 认为，农村居民不确定性的度量应该同时考虑收支两个方面，并用"结余收入预期离差率"予以度量；徐会奇、王克

① 宋铮．中国居民储蓄行为研究[J]．金融研究，1999（6）：46－50.

② 万广华，张茵，牛建高．流动性约束、不确定性与中国居民消费[J]．经济研究，2001（11）：35－44＋94.

③ 龙志和，周浩明．中国城镇居民预防性储蓄实证研究[J]．经济研究，2000（11）：33－38＋79.

④ 郭英彤．收入不确定性对我国城市居民消费行为的影响——基于缓冲储备模型的实证研究[J]．消费经济，2011（6）：52－56＋22.

⑤ 雷震，张安全．预防性储蓄的重要性研究：基于中国的经验分析[J]．世界经济，2013（6）：125－144.

⑥ 宋明月，臧旭恒．我国居民预防性储蓄重要性的测度[J]．经济学家，2016（1）：89－97.

⑦ 孙凤．中国居民的不确定性分析[J]．南开经济研究，2002（2）：58－63.

⑧ 张安全．中国居民预防性储蓄研究[D]．成都：西南财经大学，2013.

⑨ 尚昀．预防性储蓄，家庭财富与不同收入阶层的城镇居民消费行为[D]．济南：山东大学，2016.

⑩ 陈冲．不确定性条件下中国农村居民的消费行为研究[D]．天津：南开大学，2012.

稳和李辉（2013）[①] 认为，影响我国农村居民消费行为的不确定性因素众多，如自然灾害、疾病、教育、失业、农产品价格波动、物价波动、税费改革等，并引入心理偏差和心理偏差率作为我国农村居民面临的各种不确定性的度量。第四种情形就是基于我国经济制度转轨的现实，将支出的不确定性进一步分解为教育、医疗及居住等方面，并研究各类型不确定性对我国城乡居民消费或储蓄行为的影响。汪红驹和张慧莲（2002）[②] 推导得出预期的消费增长率受消费增长率方差即不确定性的影响，而医疗等支出的不确定性会增大未来的消费增长率方差，消费者只能减少当前消费进行预防性储蓄。罗楚亮（2004）[③] 的研究结果表明，医疗等支出的不确定性因素对城镇居民消费水平具有显著的负效应。张乐和雷良海（2010）[④] 认为，在改革深化时期的 1992 ~2008 年，由制度变革引起的医疗支出等预期的不确定性是制约居民消费的主要因素。刘灵芝、潘瑶和王雅鹏（2011）[⑤] 认为，在支出不确定性中，教育支出的不确定性对居民消费水平的抑制作用大于医疗支出的不确定性。朱波和杭斌（2015）[⑥] 的研究认为，医疗支出不确定性显著地增强了城乡居民特别是农村居民的预防性储蓄动机，且呈不断上升的趋势。

除以上研究外，何兴强和史卫（2014）[⑦] 在不确定性的框架之外，基于微观数据研究了健康风险对家庭消费的影响。认为健康风险偏大的家庭，其人均总消费、食品和非食品消费更低，家庭会通过调整非食品消费来稳定食品消费以应对消费的健康风险效应；医疗保险有助于缓解家庭的健康风险并促进家庭消费。

可见，对于医疗支出不确定性影响我国城乡居民消费的研究是近年来基于我国国情实际而涌现出来的成果。虽然以上成果的研究思路、理论依据不尽相同，但是

---

① 徐会奇，王克稳，李辉．影响居民消费行为的不确定因素测量及其作用研究——基于中国农村省级面板数据的验证[J]．经济科学，2013（2）：20 -32.

② 汪红驹，张慧莲．不确定性和流动性约束对我国居民消费行为的影响[J]．经济科学，2002（6）：22 -28.

③ 罗楚亮．经济转轨、不确定性与城镇居民消费行为[J]．经济研究，2004（4）：100 -105.

④ 张乐，雷良海．基于预防性储蓄理论的中国城镇居民的消费行为研究[J]．消费经济，2010（4）：10 -13.

⑤ 刘灵芝，潘瑶，王雅鹏．不确定性因素对农村居民消费的影响分析——兼对湖北省农村居民的实证检验[J]．农业技术经济，2011（12）：61 -69.

⑥ 朱波，杭斌．流动性约束、医疗支出与预防性储蓄[J]．宏观经济研究，2015（3）：112 -133.

⑦ 何兴强，史卫．健康风险与城镇居民家庭消费[J]．经济研究，2015（5）：34 -48.

其研究结论却完全一致，即医疗支出的不确定性会显著地阻碍我国城乡居民消费水平的提升。本章在上一章医疗支出显著影响我国城镇居民资产选择及配置的基础上，基于缓冲储备模型及CFPS家庭微观数据，进一步对医疗支出不确定性是否影响城镇居民的资产—永久收入比率进行检验，以期得出更为全面和详细的结论。

第二节　缓冲储备理论及模型

一、缓冲储备理论

由本书第二章对相关消费理论的梳理可知，生命周期和持久收入假说都假定消费者可以通过借贷和储蓄平滑其一生的消费。显然，这是以非常完善的金融市场和良好的个人信用记录为前提的。事实上，当今社会总会有相当一部分没有固定收入的低收入者无论以任何利率都无法取得贷款，即面临所谓的“流动性约束”。泽尔德斯（1989a）认为，当收入遭遇下降时，流动性约束下的消费行为会表现出对这种冲击的“过度敏感”，从而比非流动性约束下更为谨慎。同时，即使当前无流动性约束，消费者对未来流动性约束趋紧的预期也会降低当前消费并提高储蓄水平，以应对流动性约束以及未来收入的不确定性冲击，因此，流动性约束是导致预防性储蓄的一个重要原因。为了对预防性储蓄进行解释，迪顿（1991）[①] 提出了“缓冲储备”的概念，即消费者通过储备资产的方式以抵御不确定性的冲击。随后卡罗尔（1992）[②] 提出了一个改进的缓冲储备模型（Buffer - Stock - Saving Model），并且对缓冲储备的概念进行了更加详细的刻画和描述。在随后的10多年，卡罗尔在缓冲储备模型的求解和实证检验方面发表了数篇相关成果。他认为，消费者虽然有预防性储蓄动机，但当预期未来收入增加时，消

① DEATON A. Savings and Liquidity Constraints [J]. Econometrica, 1991 (9): 1221 - 1248.

② CARROLL C. The Buffer—Stock Theory of Saving: Some Macroeconomic Evidence [J]. Brookings Papers on Economic Activity, 1992, 23 (2): 61 - 156.

费者又是不耐心的，此时消费者会倾向于选择大于当前收入的消费；当预期收入降低时，消费者又是谨慎的，此时会增加储蓄，降低消费。这样，储蓄的作用是一种缓冲储备，以便在收入状况不好时也能维持现有消费水平。谨慎和不耐心两种心理活动的转换条件是消费者心目中的财富对持久收入的目标比率，如果实际比率低于该目标比率，谨慎心理大于不耐心程度，从而增加储蓄；反之，如果实际比率高于该目标比率，不耐心程度会大于谨慎心理，消费者就会降低储蓄，增加消费。

可见，“缓冲储备假说”强调家庭资产可以起到缓冲储备的作用，面对收入波动，消费者通过持有资产同样可以平滑其消费。该理论可以用以下最大化问题描述：

$$\max E_0\left[\sum_{t=0}^{T}\beta^t u(C_t)\right] \tag{5.1}$$

式中，$\beta=\dfrac{1}{(1+\delta)}$为主观贴现因子，$\delta$ 为主观贴现率。效用函数 $u(C_t)=C_t^{1-\rho}/1-\rho$ 为常相对风险厌恶效用函数形式，$\rho>0$ 为相对风险厌恶系数。以上最大化问题的动态约束条件如下：

$$\text{s.t. } A_{t+1}=(1+r)(A_t+Y_t-C_t) \tag{5.2}$$

式中，r 为利率，A_t、Y_t 和 C_t 分别表示 t 时刻的资产、劳动收入和消费；劳动收入 Y_t 由持久收入和暂时性冲击相乘构成，形式如下：

$$Y_{t+1}=P_{t+1}V_{t+1} \tag{5.3}$$

$$P_{t+1}=GP_tN_{t+1} \tag{5.4}$$

式中，P_{t+1}为 $t+1$ 期的持久收入，等于 t 期持久收入 P_t 乘以随机冲击 N_{t+1}及增长因子；$G=1+g$ 为增长因子，g 为增长率；V_t 为 t 期的暂时性冲击。如果没有暂时性冲击（即 $V_t=1$），劳动收入就等于持久收入。缓冲储备模型的基本假设有以下几点：

第一，存在暂时性收入为 0 的可能性。这一假定与常相对风险效用函数（CRRA）的组合相当于将流动性约束内生化。

第二，消费者具备“缺乏耐心”的特征，即 $\delta>r$。这一假定意味着，当预期未来收入增加时，消费者是不耐心的，此时消费者会倾向增加消费；当预期收入降低时，消费者又是谨慎的，此时会增加储蓄，降低消费。这一条件也保证了边际消费倾向时刻为正①。

为求解该问题，卡罗尔将这一动态最优化问题转化为以下贝尔曼方程：

$$V_t(A_t,\ P_t)=\max\mu(C_t)+\beta E_t V_{t+1}(A_{t+1},\ P_{t+1}) \tag{5.5}$$

$$\text{s. t. } P_{t+1}=GP_tN_{t+1}$$

$$A_{t+1}=(1+r)(A_t+Y_t-C_t)$$

定义手持现金（即财富）$X_t=A_t+Y_t$，将方程（5.5）两边同时除以持久收入 P_t：

$$v_t(x_t)=\max\mu(c_t)+\beta E_t G^{1-\rho}N_{t+1}^{1-\rho}v_{t+1}(x_{t+1}) \tag{5.6}$$

$$\text{s. t. } x_{t+1}=R(x_t-c_t)\frac{1}{GN_{t+1}}+V_{t+1} \tag{5.7}$$

式中，$c_t=C_t/P_t$，$v_t(x_t)=V(A_t,\ Y_t)/P_t^{1-\rho}$。

称 $x_t=(A_t+Y_t)/P_t$ 为财富—持久收入比。与许多动态最优化问题类似，该问题不存在显式解。卡罗尔（2004）② 依据欧拉方程 $\mu'(C_t)=\beta(1+r)E_t\mu'(C_{t+1})$，并且，在给定终端形式和参数后利用反向求解法得出 $c_t=c_t(x_t)$的结论，即消费者的最优消费是财富—持久收入比的递增凹函数。该结论表明，预期消费增长率的轨迹上存在一个稳定的均衡点，在这一点上的 x_t^* 被称为手持现金（财富）与持久收入之比的目标值。当实际财富—持久收入比小于该目标值时，消费者的谨慎心理会大于不耐心程度，会在下一期降低消费，增加财富；反之，消费者的不耐心程度占据主要位置，进而在下一期增加消费减少财富的持有。当实际财富—持久收入比等于该目标值时，消费者下一期不进行消费调整。

缓冲储备模型不存在解析解，但是卡罗尔和萨姆威克（1997，1998）③④ 利用倒推法得出了结论：缓冲储备模型意味着财富—持久收入比 A/P 与收入不确定

① 郭英彤．收入不确定性对我国城市居民消费行为影响——基于缓冲储备模型的实证研究[J]. 消费经济，2011（12）：52－56＋22.

② CARROLL C，CHRISTOPHER D. Theoretical Foundations of Buffer Stock Saving [M]. Working Paper No. 517，John Hopkins University，2004.

③ CARROLL C，SAMWICK A. The Nature of Precautionary Wealth [J]. Journal of Monetary Economics，1997（40）：41－71.

④ CARROLL C，Samwick A. How Important is Precautionary Saving？[J]. Review of Economics and Statistics，1998（80）：410－419.

性 ϖ 存在稳定的函数关系，或者说，不确定性对目标比率具有理论上的显著影响。这为构造经验研究中的计量模型提供了理论依据。

二、我国城镇居民缓冲储备行为计量经济学模型

基于以上理论分析，用于实证研究居民缓冲储备行为的计量经济模型如下：

$$\ln\left(\frac{A}{P}\right)=\alpha+\beta\varpi+\mu \tag{5.8}$$

式中，A 和 P 分别代表家庭的财富和持久收入水平，ϖ 代表不确定性。由于等式左边是对数形式，实际应用中也有学者习惯使用该模型的变形形式：

$$\ln(A)=\alpha+\gamma\ln(P)+\beta\varpi+\mu \tag{5.9}$$

缓冲储备模型本质上属于预防性储蓄理论范畴，该理论产生于制度和支出预期明确的西方市场经济社会，因此，不确定性也仅体现在收入上。然而在我国，特殊的国情、特殊的历史以及人们对美好生活的向往，共同鞭挞着中国共产党和中国政府不断寻求和探索满足人民群众日新月异的物质和精神文化生活之需求的改革之道。经济制度的改革和变迁必然会使经济运行模式发生变轨，也必然会牵涉人民生活的方方面面，其中，影响最为深远的当数人们的日常消费行为。在居民日常消费支出的各大类别中，医疗保健支出受制度变迁的影响最为显著。据《中国家庭财富调查报告（2017）》[①] 的数据显示，2016 年，我国家庭储蓄占据了新增投资的全部，其他资产投资则非常少。在家庭储蓄的主要原因中，位居前几位的分别是："应付突发事件及医疗支出"占 41.9%；"为养老做准备"占 34.19%；"为子女教育做准备"占 33.56%；"不愿承担投资风险"占 24.27%。城乡家庭储蓄的主要原因相差不大。由此可见，在医疗保障体系全覆盖的今天，"应对突发事件及医疗支出"方面的考虑依然是我国城乡居民尽可能储蓄的最主要动机。

因此，在用以上模型实证分析我国城镇居民预防性储蓄行为时，除了考虑收入的不确定性外，应增加医疗保健支出的不确定性。同时，考虑整个转轨时期有

---

① 《中国家庭财富调查报告（2017）》，经济日报社中国经济趋势研究院。资料来源：http://www.ce.cn/xwzx/gnsz/gdxw/201705/24/t20170524_23147241.shtml。

关住房和教育体制也发生了重大改革，居民的居住支出和教育支出也存在不确定预期，因此，为提高模型的拟合度，以上两个方面的不确定性也一并加入模型。

此外，家庭的人口学、社会学特征等因素也会对家庭的消费（或储蓄）决策行为产生影响，因此，作为控制因素，本书的模型中也包含相关变量。

对于学者将缓冲储备模型变形为式（5.9）的形式，笔者持有不同意见。因为，按照缓冲储备模型的实质性内涵，每个消费者都有一个财富储备目标值。这个目标值并不是一成不变的绝对数，而是相对于自己的永久收入而言的相对数，会随着自己持久收入的变化而变化。用资产或资产的对数作为缓冲储备模型的被解释变量，是对理论模型的背离。

综上所述，本书确定用于计量经济分析的实证模型形式如下：

$$\ln\left(\frac{A}{P}\right) = \alpha + \beta\varpi + \delta\psi + \mu \tag{5.10}$$

式中，A 和 P 的含义同上；ϖ 为收入不确定性、医疗支出不确定性、住房支出不确定性以及教育支出不确定性向量，β 代表以上不确定性因素的参数向量；ψ 表示一组人口学和社会学特征变量，包括家庭规模、家庭平均年龄、家庭平均受教育年限等。本书用于实证研究的数据来源于中国家庭追踪调查（China Family Panel Studies，CFPS）2010 年、2012 年和 2014 年的家庭库和成人库调查数据。

第三节　医疗支出不确定下城镇居民消费的缓冲储备行为——变量的测度

一、计量模型及变量说明

如上所述，本书用以研究我国城镇居民预防性储蓄行为的实证模型如式（5.10）所示。模型中各变量的说明及测度方式如下：

1. 家庭财富

就其本质意义而言，家庭财富由金融资产、房产净值、动产与耐用消费品、

生产经营性资产、土地以及非住房负债六大部分组成[①]，其中，房产净值是指房产现值减去住房债务，非住房负债是指除住房债务之外的其他一切债务。

在基于缓冲储备模型的研究框架内，家庭财富则是指家庭积累的，在特殊时期可以变现并用于消费的资产。该意义下的家庭财富不应该包含自住房屋资产。因为，自住房屋是必需品，即使房价上涨，资产增值，居民也不会变现房产以追求更高的消费水平。不过相关研究表明，除自住房屋资产外，家庭拥有的其他投资性房屋资产则具有预防性储蓄功能。国内外学者选择家庭财富变量基本上取决于其所使用的数据类型：宏观数据和微观数据。在国外，基本上是基于微观数据对家庭资产进行界定。如恩格尔哈德（Engelhaudt，1996）[②] 选用房屋净资产作为家庭真实财富的代理变量，估计得到美国中等收入家庭房地产收益的边际消费倾向为0.03。波拿巴等（Bonaparte，et al.，2012）[③] 将家庭财富分解为两类：一类是以货币和债券为代表的无风险、低交易成本的资产；另一类是以股票为代表的高风险、高交易成本的资产。在国内较早的研究中，由于微观数据缺乏，学者普遍选用宏观数据中的相关变量作为家庭财富的代表，例如：郭英彤、李伟（2006）[④] 采用居民储蓄存款；杭斌（2008）[⑤] 则构建消费与收入之比代替财富—持久收入比，即用消费反向替代家庭财富；刘建民（2012）[⑥] 选取26个省市金融机构存款余额中的储蓄存款余额除以常住人口即城镇居民人均储蓄余额，估计得到的居民人均耐用品拥有量存量之和作为衡量家庭财富的代理变量。随着近年来微观数据的不断涌现，家庭财富的代理变量也越来越接近其本身的定义。郭英彤（2011）[⑦] 选用“中国健康与营养调查”（CHNS）数据中家庭购买汽车、摩托

---

① 《中国家庭财富调查报告（2017）》，经济日报社中国经济趋势研究院。资料来源：http://www.ce.cn/xwzx/gnsz/gdxw/201705/24/t20170524_23147241.shtml。

② ENGELHARDT G V. House Prices and Home Owner Saving Behavior [J]. Regional Science & Urban Economics，1996，26（3）：313-336.

③ BONAPARTE Y，et al. Consumption Smoothing and Portfolio Rebalancing：The Effects of Adjustment Cost [J]. Journal of Monetary Economics，2012，59（8）：751-768.

④ 郭英彤，李伟．应用缓冲储备模型实证检验我国居民的储蓄行为[J]．数量经济技术经济研究，2006（8）：127-135.

⑤ 杭斌，申春兰．习惯形成下的缓冲储备行为[J]．数量经济技术经济研究，2008（10）：146-152.

⑥ 刘建民．中国城乡居民缓冲储备模型的实证分析[D]．天津：天津财经大学，2012.

⑦ 郭英彤．收入不确定性对我国城市居民消费行为的影响——基于缓冲储备模型的实证研究[J]．消费经济，2011（6）：52-56.

车、电视、冰箱等耐用消费品所支出的费用代表家庭财富。宋明月和臧旭恒(2016)① 同样使用CHNS数据，用家庭净资产总额扣除房产价值之后的余额代表家庭财富。

本书的研究基于CFPS数据库，在该数据库中，有关家庭财富的相关数据包括流动性较强的金融资产（如现金及银行存款、股票、基金等）；土地、房产（包括住房负债）、生产性固定资产等以及汽车、摩托车耐用消费品、收藏品等其他资产，因此，基本上满足对财产的准确界定要求。为了验证各种资产是否具有预防性储蓄功能，本书对“财产”的界定包括以下两个层次：第一，流动性最强的金融资产，包括现金及存款、债券、股票和基金等；第二，金融资产加上投资性住房资产净值。

2. 持久收入

持久收入的概念来源于美国著名经济学家弗里德曼于1956年提出的“持久收入假说”。该理论是对凯恩斯绝对收入假说的率先直接挑战，认为消费者的消费支出并不是由现期收入决定，而是由其持久收入决定，即理性的消费者为了实现效用最大化，根据其长期稳定的收入即持久收入水平来安排其消费行为。也就是说，弗里德曼将收入分为暂时性收入和持久性收入，暂时性收入是指消费者无法预期的、偶然性的收入，如遗产、馈赠、奖金、彩票中奖等意外所得；而持久性收入则是消费者可以预期的长期性收入，如工资收入，它实际上是家庭或个人可预期的长期收入的平均值，是消费者据以进行消费决策的重要参考依据。

关于持久收入的测算，学者们的方法也不尽相同。总结起来基本上可以分为以下几类：第一，直接用居民可支配收入或纯收入代替；第二，运用时间序列数据分析时，计算收入变量在一段时间内的平均数，或者采用去势法。如那艺（2009）② 采用HP（Hodrick—Prescott）滤波法与时间去势法分离收入与支出序列的长短期趋势。HP滤波法的做法是首先分离出时间序列的长期趋势，然后用原始序列减去长期趋势序列，所得差序列即为短期波动序列；时间去势法则是

① 宋明月，臧旭恒. 我国居民预防性储蓄重要性的测度——来自微观数据的证据[J]. 经济学家，2016（1）：89-97.

② 那艺. 行为消费理论的拓展与应用研究——以中国居民消费数据为例[D]. 天津：南开大学，2009.

将序列与时间进行回归分析的残差作为短期波动序列。随后，计算以上两种短期波动序列的标准差，即可用来表示收支序列的波动程度；第三，运用截面数据分析时，利用回归分析的方法估计得出收入的预测值，以预测值作为持久收入的代理变量。如戴南等（2004）①、罗楚亮（2004）②、郝云飞等（2017）③ 均利用家庭人口学特征变量和户主特征变量构建收入的回归方程，将方程的估计值作为持久收入，实际收入与估计的收入之差作为暂时收入。收入方程估计中使用的家庭人口学变量包括户主年龄、性别、婚姻状况、学历、政治面貌、工作单位的所有制性质、职业种类以及城乡属性、所在地区等；第四，稳定的收入流，如工资。如郭英彤和李伟（2006）④ 选择价格调整后的职工工资；第五，其他推算方法。如布朗宁和卢萨尔迪（Browning & Lusardi，1996）⑤、富克斯·申德林（Fuchs Schundeln，2005）⑥ 利用相对稳定的经济地位推算持久收入；宋明月和臧旭恒（2016）⑦ 将 CHNS 数据按职业分组后在时间上计算平均数，然后进行相应推算得出持久收入。

本书研究城镇居民的预防性储蓄行为，对于居住在城镇的居民而言，工资收入是其主要收入来源，且工资水平的高低基本上代表了社会对其劳动贡献的认可程度。因此，使用工资收入作为持久收入的代理变量。

3. 不确定性

在缓冲储备理论的原始分析框架中，收入的不确定是重要的解释变量，其系数在模型中是否显著不为零也是判断居民是否存在预防性储蓄动机的标志。有关

---

① Dynan K，Skinner J，Zeldess S P. Do the Rich Save More? [J]. Journal of Political Economy，2004，12（2）：397 -444.

② 罗楚亮. 经济转轨、不确定性与城镇居民消费行为[J]. 经济研究，2004（4）：100 -106.

③ 郝云飞，宋明月，臧旭恒. 人口年龄结构对家庭财富积累的影响——基于缓冲存货理论的实证分析[J]. 社会科学研究，2017（4）：37 -45.

④ 郭英彤，李伟. 应用缓冲储备模型实证检验我国居民的储蓄行为[J]. 数量经济技术经济研究，2006（8）：127 -135.

⑤ Browning，Lusardi. Household Saving：Micro Theories and Micro Facts [J]. Journal of Economic Literature，1996（12）：1797 -1855.

⑥ Fuchs S. Precautionary Savings and Self—Selection Evidence from the German Reunification Experiment [J]. Quarterly Journal of Evonomics，2005（4）：1085 -1120.

⑦ 宋明月，臧旭恒. 我国居民预防性储蓄重要性的测度——来自微观数据的证据[J]. 经济学家，2016（1）：89 -97.

收入不确定的测度，国内外学者的测度方法大致可分为以下几类：

第一，相关指标替代法。国外一些学者使用失业率、基尼系数，如弗里德曼（1957）[①] 使用职业代表不确定性；周京奎（2011）[②] 则借助于 Probit 模型估计失业概率，并将其作为收入不确定性的代理变量。罗楚亮（2004）[③] 则使用失业概率的平方作为收入不确定性的代理变量之一。

第二，主观感知法。即通过设置调查问卷，搜集有关收入不确定性的主观感知变量。如巴特勒等（1992）[④] 用意大利家庭主观评价作为收入不确定性的代理变量；朱信凯（2003）[⑤] 使用问卷调查法，由农户报告其对未来收入不确定的主观估计值。

第三，差额法。即用预期收入（或持久收入）与实际收入之差或者差额的平方（罗楚亮，2004[⑥]）代表收入的不确定性；臧旭恒和裴春霞（2004）[⑦] 使用各个省人均 GDP 增长率的趋势值和实际值的差额的绝对值以及差额的平方两种方式作为收入不确定性的代理变量。

第四，指标计算法。即通过计算相关收入指标的标准差、对数方差等指标。例如斯金纳（1988）[⑧]、宋铮（1999）[⑨]、孙凤和王玉华（2001）[⑩]、申朴和刘康兵（2003）[⑪] 等均使用收入在各组、各地区以及一段时间上的标准差，罗楚亮

---

① Friedman M A. Theory of the Consumption Function [M]. Princeton, NJ: Princeton University Press, 1957.

② 周京奎．收入不确定性、住宅权属选择与住宅特征需求——以家庭类型为视角的理论与市政分析[J]. 经济学（季刊），2011（7）：1459 - 1498.

③ 罗楚亮．经济转轨、不确定性与城镇居民消费行为[J]. 经济研究，2004（4）：100 - 106.

④ Guiso L, Jappelli T, Terlizzese D. Earnings Uncertainty and Precautionary Saving [J]. Journal of Monetary Economics, 1992, 30（2）: 307 - 337.

⑤ 朱信凯．中国农户消费函数研究[D]. 武汉：华中农业大学，2003.

⑥ 罗楚亮．经济转轨、不确定性与城镇居民消费行为[J]. 经济研究，2004（4）：100 - 106.

⑦ 臧旭恒，裴春霞．预防性储蓄、流动性约束与中国居民消费计量分析[J]. 经济学动态，2004（12）：28 - 31.

⑧ Skinner J. Risk Income, Lifecycle Consumption, and Pre - Cautionary Savings [J]. Journal of Monetary Economics, 1988（22）: 237 - 255.

⑨ 宋铮．中国居民储蓄行为研究[J]. 金融研究，2009（6）：46 - 50 + 80.

⑩ 孙凤，王玉华．中国居民消费行为研究[J]. 统计研究，2001（4）：24 - 30.

⑪ 申朴，刘康兵．中国城镇居民消费行为过度敏感性的经验分析：兼论不确定性、流动性约束与利率[J]. 世界经济，2003（1）：61 - 66.

(2004) 使用对数收入的方差，刘灵芝等 (2011)[①] 将分组后对数收入的方差以及暂时性收入的平方作为收入不确定性的代理变量。本书认为，相对于对数收入方差，用标准差代替不确定性更合适一些，因为，先对指标取对数会大幅度缩小数据的尺度范围，在对数值的基础上计算方差可能会低估不确定性。因此，本书以下涉及用此类方法构建不确定性指标时，采用的是各指标按照不同类别分组后计算的标准差之和。

第五，其他方法。卡罗尔和萨姆威克（1998）证明了 REPP（相对等价谨慎性溢价）与对数收入的方差均能够很好地衡量不确定性，王建宇和徐会奇（2010）[②]则计算预期之外的收入的波动量占该年份预期收入的百分比，即调整离差率；汪浩瀚和唐绍祥（2010）[③]、杜宇玮和刘东皇（2011）[④]、陈冲(2014)[⑤] 选用实际收入的对数增长量（或差分）与其均值差的平方。

本书基于 CFPS 数据特点并借鉴前人的测度方法，采用两种方式对收入不确定性进行测度：第一种是通过构建“16 周岁成年人是否有工作（0. 否；1. 是）”对年龄、年龄平方、户口状况、性别、过去两周是否有身体不适等变量的二值 Probit 模型，估计“有工作的概率”，并在家庭内计算家庭平均有工作概率，然后用 1 减去家庭平均有工作的预测概率，得到家庭的“平均无工作概率”，将其作为收入不确定性的第一个代理变量。需要说明的是，本书估计的是“无工作概率”，并非“失业概率”。国内有学者如罗楚亮（2004）估计失业概率时将年龄限定在 16 ~ 60 周岁之间。而本书的“无工作概率”的估计基准包括所有家庭成年人成员，在利用 Probit 模型估计该概率时，已经将年龄纳入解释因素范畴，因此，这一概率值更能体现一个家庭的负担，类似于家庭负担率，但比家庭负担率包含更多的是否有工作的因素。举例说明，两个失业率相同但老年抚养比不同的

---

① 刘灵芝，潘瑶，王雅鹏．不确定性因素对农村居民消费的影响分析——兼对湖北省农村居民的实证检验[J]．农业技术经济，2011（12）：61－69.

② 王建宇，徐会奇．收入不确定性对农民收入的影响研究[J]．当代经济科学，2010（3）：54－60.

③ 汪浩瀚，唐绍祥．中国农村居民预防性储蓄估计及影响因素研究[J]．农业技术经济，2010（1）：42－48.

④ 杜宇玮，刘东皇．预防性储蓄动机强度的时序变化及影响因素差异——基于 1979 ~ 2009 年中国城乡居民的实证研究[J]．经济科学，2011（1）：70－80.

⑤ 陈冲．预防性储蓄动机的时序变化及其影响因素差异——基于中国城镇居民不同收入阶层视角[J]．中央财经大学学报，2014（12）：87－94.

家庭，其对未来收入的预期显然不可同日而语。第二种是分别以所在省、“除现居住住房之外房产的数量”“是否存过钱”“家庭成员最高受教育程度”以及“家庭规模”即家庭人口数将家庭纯收入进行分组，并且计算组内标准差，然后加总六个标准差代表家庭纯收入的不确定性。多数学者将变量先取对数后再分组求各组方差。本书认为，将绝对数先取对数，本身已经将数据的差异程度大幅度降低，据此计算得出的方差和标准差会严重低估实际的差异。因此，本书各项指标的不确定性测度方法是直接计算各指标的组内标准差并求和。

尽管本书用家庭平均无工作概率和收入标准差和两种方式测度家庭收入的不确定性程度，但是两种不确定性的深层次内涵并不相同，因此，对被解释变量的影响机制也不同。家庭平均无工作概率更多地通过工资性收入的多少影响资产—工资比；而收入标准差之和则体现了居民对周围居民收入现状的一种主观感知，而这种感知会部分地植入居民自身从而作为自己对未来收入不确定性程度的预期。标准差之和越大，居民对未来收入的不确定性预期也越大。

根据前文所述，解释变量除了家庭收入的不确定性之外，还包括本书重点关注的医疗支出的不确定性，同时作为对比，将居住支出的不确定以及教育支出的不确定性也纳入解释变量的范围。

对于医疗支出的不确定性，本书采用以下两种方式予以测度：

第一，通过构建家庭成员“您认为自己的健康状况（1. 健康；2. 一般；3. 比较不健康；4. 不健康；5. 非常不健康）”对“过去两周内，是否有身体不适”“过去六个月，是否患有医生诊断的慢性病”“去年是否住过院”“健康状况与前一年相比”“与同龄人相比的健康状况”、性别、年龄以及年龄的平方等多值 Logit 离散选择模型①，估计各类型健康程度的概率，将“非常不健康”的概率估计值作为个人不健康程度的代表，该概率值越大，表明未来医疗支出的预期也就越高，医疗保健支出的不确定也就越大。对以上个人层面上的不健康概率在家庭层面上求平均值，得出“家庭平均不健康概率”，并将其作为家庭医疗支出不确定的第一个代理变量。

① 经对比，多项 Logit 模型与多项 Probit 模型二者预测得出的各类别概率相关度极高，因此，两种模型结果并无太大差异，但是因为多项 Probit 模型计算时间更长，且无法从概率比角度解释系数估计值，因此，本书采用多项 Logit 模型。

第二，医疗保健支出标准差和。分别根据不同省、投资性住房套数、家庭规模、是否有存款以及家庭成员平均已完成的最高学历[①]计算组内医疗保健支出标准差，然后加总以上标准差，将其作为医疗保健支出不确定的第二个代理变量。

同理，以上两种方式度量的医疗支出不确定性，其对资产—工资比的影响机制也并不相同。以标准差形式度量的医疗支出不确定性同样是体现了居民对周围医疗支出不确定性的主观感知，这种感知也会部分地成为居民对自身未来医疗支出不确定性的预期。而以家庭平均不健康概率测度的医疗支出不确定性则可能通过由于健康程度恶化而增加医疗支出从而动用储蓄使得资产—工资比降低的方式影响被解释变量。

需要强调的是，以上二值 Probit 模型和多项 Logit 均在 16 周岁成人数据库中估计。之所以选择成人库而未将家庭未成年人纳入分析是因为有些变量并不适合未成年人，比如，“是否有工作”“已完成的受教育年限”“是否吸烟”“孩子的数量”“锻炼身体的频率”等。

教育支出以及住房支出的不确定性测度同医疗保健支出中的第二种方法，即计算组内标准差，然后加总各个标准差。CFPS 各年数据库中，关于教育支出的指标有“教育和培训支出”以及与宏观指标一致的“文教娱乐支出”，本书认为，相对于“娱乐”支出而言，“教育及培训”支出更具有刚性，因此，本书选择前者并计算其不确定性。

为了尽可能降低多重共线性和异方差性，以上标准差形式的变量均采用对数形式，在计算相关数据的对数时，由于存在为 0 的数值，为尽可能保证样本容量，将值为 0 的数据统一替换为 1，然后取对数，这样的处理对结果并无实质性影响。

4. 其他控制变量

除以上变量之外，将家庭平均年龄、平均年龄的平方、家中最长者的年龄、家中最小者的年龄、家庭成员接受最高教育的程度、所在省份、家庭规模、家庭拥有的房产数量、是否有存款等变量作为控制变量。

需要说明的是，国内学者在使用微观数据时，模型中有关家庭人口学特征变

① 包括文盲/半文盲、小学、初中、高中/中专/技校/职高、大专、大学本科、硕士。

量通常选择户主的年龄、受教育程度等特征。然而在CFPS数据中并无是否是“户主”的这一特征变量，因此，家庭成员中究竟谁是户主无从得知，有学者将“负责家庭的财务”的家庭成员作为户主，这显然与现实有偏。本书认为，一方面，随着社会的进步，户口上“户主”这一特征与家庭真正“主事者”并无太大关联；另一方面，在城镇，家庭日常事务的决策一般是所有成年人共同参与的结果。因此，本书在以家庭层面估计缓冲储备模型时，涉及的家庭人口学特征变量有家庭成人人均无工作概率、人均不健康概率、包括所有成员的人均年龄、家庭成员的最高受教育程度、家庭成员的最大年龄、家庭成员的最小年龄等。

二、CFPS数据处理及清理说明

由于本章的研究任务是基于缓冲储备模型揭示我国城镇居民的预防性储蓄特征，需要通过构建模型进行研究的包括医疗支出不确定性的测度、收入不确定性的测度以及不确定性对城镇居民资产—持久收入比的影响。因此，基于以上分析的需要，本章的数据基础包括CFPS历年家庭关系库、成人库和家庭库。家庭关系库用于计算家庭平均年龄、平均受教育程度、家庭最大年龄以及家庭最高受教育年限等变量；然后以个人代码为关键变量与成人库合并，并在该数据库中估计成人不工作概率和不健康概率，并且在家庭层面上计算平均值，得出家庭平均不工作概率和家庭平均不健康概率，将二者作为收入和医疗支出不确定性的代理变量。在此基础上，将该数据库以家庭代码为关键变量与家庭库合并，主要是提取估计得出的家庭平均不工作概率和家庭平均不健康概率两个变量，用于在缓冲储备模型框架内估计其对我国城镇居民资产—持久收入比的影响程度。

由于CFPS数据为第一手调查数据，其大量数据不满足分析的要求，因此，需要对数据进行清理，清理的内容主要包括以下几点：第一，去掉国家统计局定义下农村居民的观测值；第二，对于参与运算和估计的变量，将回答是“不知道（取值为-2）”“拒绝回答（取值为-1）”“不适用（取值为-8）”以及缺失的个案去掉；第三，笔者对每一个参与分析的变量均观察了其基本的描述统计结果，如果发现明显不符合常规的变量，如“年龄”的答案为120岁以上、“父亲的性别”[①] 答案为“女”或者“不知道”，视为无效问卷，因此，也将其对应的个案去掉；第四，对需要取对数的变量，如果有取值为0的数据，统一替换为1。经过以上数据清理后，利用剩余符合要求的数据进行以下的分析和计算。

三、家庭成员是否有工作的二值Probit模型估计结果分析

在历次CFPS数据中的成人库中，均有“当前是否有工作”这一问题，答案情况：1表示有，0表示无。[②] 对于个人，来自多个方面的因素会影响其最终的工作状态。[③] 而是否有工作对于居民对未来收入的不确定性预期有着至关重要的影响。这些因素包括个人特征，如性别、年龄及年龄的平方等；社会学特征，如已经完成的受教育年限、城乡性质（按社区分）等；个人身体原因，如半年内是否有慢性疾病、过去一年共住院的次数；个人习惯与爱好，如锻炼身体的频率；[④] 社交往来，如最近一个月是否喝酒三次以上等。由于被解释变量的取值只有0和1，因此，属于离散被解释变量问题，可以通过构建二值离散选择模型来估计个人“当前有工作（即取值为1）”的概率。本书选择Probit模型估计居民个人有工作的概率。在估计过程中，对于Probit模型假定的随机扰动项同方差进行了检验，如为异方差，采用异方差方式下的极大似然法估计参数[⑤]，如为同方差，则采用普通极大似然法估计。

1. 2010CFPS估计结果及解析

本书在2010CFPS的成人数据库中，选择“是否有工作”的解释因素有性别（*gender*）、年龄（*age*）、年龄平方（age^2）、健康状况自评（*health*）、过去一年是否住过院（*hospital*）、上周锻炼身体的频率（代表个人习惯与爱好，*exer*）、最

---

① 笔者尚未发现设置该问题的初衷和理由。

② 在2014CFPS中，类似的变量是“当前的在业状态：1. 在业；0. 失业”。

③ 由于在三次调查中变量并不完全相同，因此，为了尽量提高拟合程度，三年回归模型中的解释变量也并非完全相同。

④ 2010CFPS该问题的答案中，序号1~5分别表示几乎每天、每周两三次、每月两三次、每月一次和从不锻炼，数字越小，表示锻炼频率越大；而2012年以及2014CFPS该问题的答案为0~20和0~30，表示锻炼的次数，数字越大表示锻炼频率越大。

⑤ Stata中的命令为：hetprobit y x1 x2 x3，het（varlist）。

近一个月是否喝酒三次以上（表示社交往来，*communi*）以及已完成的受教育年限（*edu*）。考虑截面数据中，扰动项或被解释变量的方差可能与解释变量有关，因此，同时进行了异方差 Probit 估计。由于 Probit 模型给出的系数只能表明解释变量对被解释变量的影响程度及方向，为了解释各解释变量对"是否有工作"的确切影响，进一步估计其边际效应。Probit 模型可由如下形式表示：

$$P(Y=1 \mid X)=\Phi(\alpha+\beta_1 gender+\beta_2 age+\beta_3 age^2+\beta_4 health+\beta_5 hospital+\beta_6 exer+\beta_7 communi+\beta_8 edu) \quad (5.11)$$

其中，$Y=\begin{cases}1，有工作\\0，无工作\end{cases}$。

相关变量统计描述、估计结果及检验统计量如表 5－1～表 5－3 所示。

表 5－1　2010 年相关数据描述统计

变量	观测量数	平均数	标准差	最小值	最大值
是否有工作	14998	0.4648	0.4988	0	1
性别	14998	0.4803	0.4996	0	1
年龄	14998	45.8033	16.2676	16	101
年龄平方	14998	2362.5590	1574.3050	256	10201
健康状况	14998	1.7363	0.9160	1	5
过去一年是否住过院	14998	0.0751	0.2636	0	1
个人习惯及爱好①	14998	2.1214	3.0213	0	20
社交往来②	14998	0.1564	0.3633	0	1
最高受教育程度	14998	8.6774	4.6627	0	22

表 5－2　2010 年"是否有工作"Probit 回归结果

变量	系数估计值	标准差	P 值	边际效应	P 值
性别	0.4165	0.0247	0.000	0.1302	0.000
年龄	0.1580	0.0047	0.000	0.0494	0.000
年龄平方	－0.0019	0.0001	0.000	－0.0006	0.000

① 该问题为"上个星期锻炼了几次"，答案为 0～20。

② 用"近一个月是否喝酒三次以上"表示。

续表

变量	系数估计值	标准差	P 值	边际效应	P 值
健康状况	-0. 1113	0. 0141	0. 000	-0. 0348	0. 000
过去一年是否住过院	-0. 0679	0. 0364	0. 062	-0. 0212	0. 062
个人习惯及爱好	-0. 0774	0. 0042	0. 000	-0. 0242	0. 000
社交往来	0. 2427	0. 0344	0. 000	0. 0759	0. 000
最高受教育程度	0. 0312	0. 0029	0. 000	0. 0097	0. 000
常数项	-2. 9058	0. 1042	0. 000	—	—
样本容量	14998		$LR\chi^2$ (8)		4304. 15
准 R^2	0. 2078		Prob > χ^2		0. 0000

由表 5－3 可见，异方差检验 χ^2 统计量的 P 值为 0，因此，拒绝同方差的原假设，即认为存在异方差性。观察表 5－3 下半部分，可见年龄、健康状况、锻炼身体的频率以及受教育年限对 $\ln\sigma^2$ 均有显著影响，是典型的异方差特征。综上所述应该选用异方差 Probit 估计结果。

表 5－3　2010 年“是否有工作”异方差 Probit 回归结果

变量	系数估计值	标准差	P 值	边际效应	P 值
性别	0. 2062	0. 0239	0. 000	0. 1104	0. 000
年龄	0. 1150	0. 0124	0. 000	0. 0616	0. 000
年龄平方	-0. 0015	0. 0002	0. 000	-0. 0007	0. 000
健康状况	-0. 0559	0. 0097	0. 000	-0. 0301	0. 000
过去一年是否住过院	-0. 0526	0. 0270	0. 052	-0. 0281	0. 046
个人习惯及爱好	-0. 0276	0. 0034	0. 000	-0. 0149	0. 000
社交往来	0. 1427	0. 0242	0. 000	0. 0764	0. 000
最高受教育程度	0. 0292	0. 0031	0. 000	0. 1104	0. 000
常数项	-2. 215	0. 2298	0. 000	—	—
$\ln\sigma^2$					
年龄	0. 0078	0. 0015	0. 000	—	—
健康状况	-0. 0331	0. 0191	0. 082	—	—
个人习惯及爱好	-0. 0588	0. 0055	0. 000	—	—
最高受教育程度	-0. 0784	0. 0048	0. 000	—	—

续表

变量	系数估计值	标准差	P 值	边际效应	P 值
样本容量	14998		Wald χ^2 (8)		108.10
对数似然值	-7909.849		Prob $>\chi^2$		0.0000
χ^2 (4) =594.31 Prob $>\chi^2$ (4) =0.0000					

表 5-3 的估计结果显示，在其他变量不变的条件下，平均而言，男性有工作的概率较女性多 0.1104；年龄每增加一岁，有工作的概率平均增加 0.0616，但是年龄的平方对有工作概率影响为负，且统计上显著。表明随着年龄的继续增长，有工作的概率转而降低，降低的平均幅度为 0.0007；健康状况越差，有工作的概率越小，且不健康的等级每增加 1，有工作的概率平均降低 0.03；过去一年住过院的比没有住过院的有工作的概率低约 0.03；锻炼身体的频率越大，有工作的概率越小，这有可能是现在城镇居民的快节奏生活，使得有工作居民并无太多时间用于锻炼身体，而暂时无工作的居民则拥有更多的时间用于锻炼身体；过去一个月喝酒三次以上的有工作的概率比没有喝酒的高 0.08，表明喝酒应酬对工作有一定的促进作用；受教育程度越高，有工作的概率越大，每增加一年的受教育年限，有工作的概率平均增加 0.11。

2. 2012CFPS 估计结果及解析

2012CFPS 相关数据统计描述如表 5-4 所示，估计结果如表 5-5 所示。同理，考虑异方差的可能性，同时进行了异方差 Probit 模型，结果如表 5-6 所示。可见，模型随机扰动项确实存在异方差，因此，采用异方差 Probit 估计结果。模型及变量含义同 2010 年的结果。

表 5-4　2012 年相关数据描述统计

变量	观测量数	平均数	标准差	最小值	最大值
是否有工作	11396	0.5537	0.4971	0	1
性别	11396	0.4717	0.4992	0	1
年龄	11396	45.4623	15.0710	16	93
年龄平方	11396	2293.9340	1451.2650	256	8649

续表

变量	观测量数	平均数	标准差	最小值	最大值
健康状况	11396	3.1553	1.1294	1	5
过去一年是否住过院	11396	0.0922	0.2894	0	1
个人习惯及爱好①	11396	3.3272	1.7505	1	5
社交往来	11396	0.1625	0.3689	0	1
最高受教育程度	11394	8.4803	4.8341	0	22

表5-5　2012年“是否有工作”Probit回归结果

变量	系数估计值	标准差	P值	边际效应	P值
性别	0.4674	0.0285	0.000	0.1480	0.000
年龄	0.1035	0.0058	0.000	0.0328	0.000
年龄平方	-0.0014	0.0001	0.000	-0.0005	0.000
健康状况	-0.0833	0.0124	0.000	-0.0264	0.000
过去一年是否住过院	-0.1992	0.0471	0.000	-0.0631	0.000
个人习惯及爱好	0.0431	0.0077	0.000	0.0137	0.000
社交往来	0.1574	0.0390	0.000	0.0498	0.000
最高受教育程度	0.0351	0.0030	0.000	0.0111	0.000
常数项	-1.6981	0.1339	0.000	—	—
样本容量	11394		LR χ^2 (8)		2992.61
准 R^2	0.1910		Prob > χ^2		0.0000

表5-6的估计结果显示，在其他变量不变的条件下，平均而言，男性有工作的概率较女性多0.1346；年龄每增加一岁，有工作的概率平均增加0.0392，但是年龄的平方对有工作概率影响为负，且统计上显著，表明随着年龄的继续增长，有工作的概率转而降低，降低的平均幅度为0.0005；健康状况越差，有工作的概率越小，且不健康的等级每增加1，有工作的概率平均降低0.0287；过去一

① 选项分别是以下几项：1. 几乎每天；2. 每周两三次；3. 每月两三次；4. 每月一次；5. 从不。

年住过院的比没有住过院的有工作的概率低约0.0450；锻炼身体的频率越小[①]，有工作的概率越大，估计结果与2010年一致；过去一个月喝酒三次以上的有工作的概率比没有喝酒的高0.0395，表明喝酒应酬对工作有一定的促进作用；受教育程度越高，有工作的概率越大，每增加一年的受教育年限，有工作的概率平均增加0.0166。

表5-6　2012年“是否有工作”异方差Probit回归结果

变量	系数估计值	标准差	P值	边际效应	P值
性别	0.2086	0.0337	0.000	0.1346	0.000
年龄	0.0608	0.0115	0.000	0.0392	0.000
年龄平方	-0.0008	0.0002	0.000	-0.0005	0.000
健康状况	-0.0541	0.0095	0.000	-0.0287	0.000
过去一年是否住过院	-0.0696	0.0240	0.004	-0.0450	0.001
个人习惯及爱好	0.0267	0.0056	0.000	0.0128	0.000
社交往来	0.0612	0.0211	0.004	0.0395	0.001
最高受教育程度	0.0197	0.0034	0.000	0.0166	0.000
常数项	-1.0563	0.2130	0.000	—	—
$\ln\sigma^2$					
年龄	0.0014	0.0021	0.500	—	—
健康状况	-0.1255	0.0212	0.000	—	—
个人习惯及爱好	0.0903	0.0129	0.000	—	—
最高受教育程度	-0.0804	0.0052	0.000	—	—
样本容量	11394		Wald $\chi^2(8)$		51.96
对数似然值	-6142.541		Prob > χ^2		0.0000
$\chi^2(4)=386.43$　Prob > $\chi^2(4)=0.0000$					

3. 2014CFPS估计结果及解析

2014年的模型及各变量含义同2010年的结果，相关数据的统计描述如表5-7所示。

① 在2012CFPS成人数据库中，关于锻炼身体的频率设置规则为以下几项：1. 几乎每天；2. 每周两三次；3. 每月两三次；4. 每月一次；5. 从不。而2012CFPS数据库中，该问题为“上个星期锻炼了几次”，答案为0~20。由于设置方向与2010年数据正好相反，因此，模型估计系数正负号与2010年正好相反。这也表明了模型估计结果的稳定性。

表 5－7　2014 年相关数据描述统计

变量	观测量数	平均数	标准差	最小值	最大值
是否有工作	14034	0.6660	0.4716	0	1
性别	14034	0.4828	0.4997	0	1
年龄	14034	47.3747	16.0224	16	102
年龄平方	14034	2501.0650	1597.1680	256	10404
健康状况	14034	2.9957	1.1835	1	5
过去一年是否住过院	14034	0.1221	0.3274	0	1
个人习惯及爱好	14034	2.2698	3.0984	0	30
社交往来	14034	0.1570	0.3638	0	1
最高受教育程度	14034	8.5958	4.6745	0	22

图 5－1 为三次调查中除年龄及年龄平方后相关数据的均值对比图。可见，有工作的概率在逐年提高，性别的均值差别不大；值得注意的是，健康状况的均值总体上在提升，也就是说，健康程度在逐年下降，但 2014 年比 2012 年有所改善，相对应住院的比例也在逐年上升。锻炼身体的频率由于各年问题设置不同，因此，不具有直接可比性。受教育程度的均值总体上有所下降。

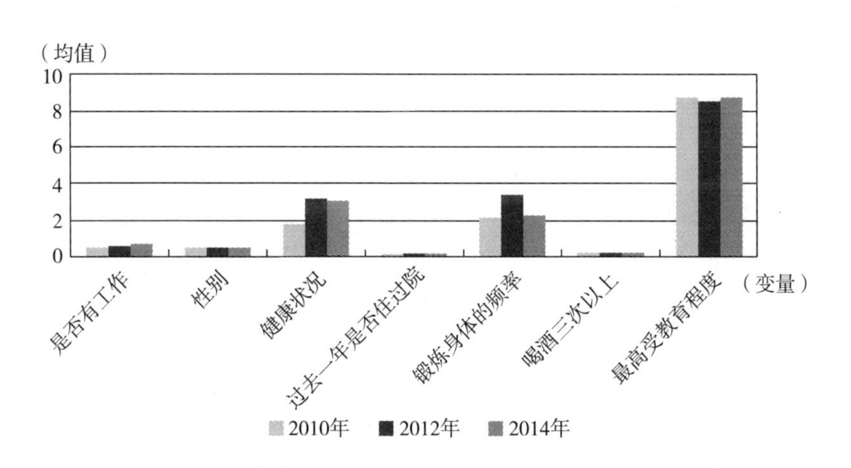

图 5－1　2010CFPS、2012CFPS、2014CFPS 相关数据平均值对比

总体上来说，以上各指标的相关描述统计量在三年间差别不大，据此得出的回归结果具有可比性（见表 5－8 和表 5－9）。

表 5－8　2014 年“是否有工作”Probit 回归结果

变量	系数估计值	标准差	P 值	边际效应	P 值
性别	0.6439	0.0277	0.0000	0.1718	0.000
年龄	0.1159	0.0051	0.0000	0.0309	0.000
年龄平方	－0.0016	0.0001	0.0000	－0.0004	0.000
健康状况	－0.0818	0.0114	0.0000	－0.0218	0.000
过去一年是否住过院	－0.2345	0.0379	0.0000	－0.0625	0.000
个人习惯及爱好	－0.0470	0.0041	0.0000	－0.0125	0.000
社交往来	0.1420	0.0395	0.0000	0.0379	0.000
最高受教育程度	0.0194	0.0031	0.0000	0.0125	0.002
常数项	－0.9385	0.1190	0.0000	—	—
样本容量	14034		LRχ^2（8）		4549.89
准 R^2	0.2545		Prob >χ^2		0.0000

表 5－9　2014 年“是否有工作”异方差 Probit 回归结果

变量	系数估计值	标准差	P 值	边际效应	P 值
性别	0.4669	0.0485	0.0000	0.1637	0.000
年龄	0.1193	0.0142	0.0000	0.0413	0.000
年龄平方	－0.0016	0.0002	0.0000	－0.0005	0.000
健康状况	－0.0595	0.0108	0.0000	－0.0202	0.000
过去一年是否住过院	－0.1857	0.0349	0.0000	－0.0651	0.000
个人习惯及爱好	－0.0298	0.0040	0.0000	－0.0094	0.000
社交往来	0.1031	0.0321	0.0010	0.0361	0.001
最高受教育程度	0.0252	0.0026	0.0000	0.0205	0.047
常数项	－1.3267	0.2145	0.0000	—	—
$\ln\sigma^2$					
年龄	0.0051	0.0015	0.001	—	—
健康状况	－0.0064	0.0166	0.697	—	—
个人习惯及爱好	－0.0100	0.0048	0.038	—	—
最高受教育程度	－0.0564	0.0044	0.000	—	—
样本容量	14034		Waldχ^2（8）		146.17
对数似然值	－6541.622		Prob >χ^2		0.0000
χ^2（4）＝245.00Prob >χ^2（4）＝0.0000					

2014年数据的拟合程度较前两年高，准可决系数为0.2545。同理，经检验存在异方差性，因此，采用异方差Probit回归结果。表5-9的估计结果显示，在其他变量不变的条件下，平均而言，男性有工作的概率较女性多0.1637；年龄每增加一岁，有工作的概率平均增加0.0413，但是年龄的平方对有工作概率影响为负，且统计上显著，表明随着年龄的继续增长，有工作的概率转而降低，降低的平均幅度为0.0005，与上一年估计结果相同；健康状况越差，有工作的概率越小，且不健康的等级每增加1，有工作的概率平均降低0.0202；过去一年住过院的比没有住过院的有工作概率低约0.0651；锻炼身体的频率越小，有工作的概率越大，估计结果与前两年相近；过去一个月喝酒三次以上的有工作的概率要比没有喝酒的高0.0361，表明喝酒应酬对工作有一定的促进作用；受教育程度越高，有工作的概率越大，每增加一年的受教育年限，有工作的概率平均增加0.0205。

在Stata统计软件中，对于二值离散选择模型，可以计算正确预测的比率①，经计算，以上三个年度的正确预测比率分别为71.96%、72.01%和77.90%。可见，以上对2010年、2012年和2014年三个年度CFPS调查数据进行的二值Probit回归拟合，效果比较理想。因此，根据以上回归结果分别计算各年度“有工作的概率”的拟合值，并在家庭层面上计算16岁以上成年人家庭人均有工作的概率，然后用1减去该概率值得出家庭人均无工作的概率，将其作为后文收入不确定性的一个代理变量。

四、家庭成员健康状况自评的多值Logit模型估计结果

医疗支出的预期与家庭成员的健康状况有着很大的关系，家庭成员健康状况越好，对未来的医疗支出不确定预期越低；相反，家庭成员的健康状况越差，对未来的医疗支出不确定性预期相应也就越大。因此，本书将家庭成员的健康状况与医疗支出不确定性联系起来。在CFPS数据库中，健康状况是被访者根据自身实际情况在数字1~5间进行选择，其中，1表示非常健康，数字越大，健康程度越差，5表示非常不健康，数字2、3、4代表的健康状况介于“非常健康”与

① Stata 13中，计算正确预测比率的命令为“estat clas”。

"非常不健康"之间。根据以上阐述，使用1~5的数字在家庭层面上计算家庭平均健康状况，将其作为医疗支出不确定的代理变量有其合理之处，但是考虑用数字的大小代表健康程度，一方面稍显粗糙，是否能够反映出居民的真实健康状况值得怀疑；另一方面，没有考虑影响健康状况的种种因素，可能会导致估算有偏。有鉴于此，本书通过构建健康状况的多值 Logit 模型，并预测得出居民个人"非常不健康"的概率，然后在家庭层面上计算家庭平均"非常不健康"概率，并以此作为医疗保健支出不确定的一个代理变量。

上文已述及，在估计不健康概率时，结合对实际问题的分析以及数据库的变量信息，本书选择相应变量如下：

被解释变量是健康状况自评①，解释变量分别是性别（*gender*）、年龄（*age*）、是否有工作（*work*）、健康状况与一年前相比（$health^1$）②、健康状况与同龄人相比（$health^2$）③、两周内是否有身体不适（*ill*）、半年内是否有慢性疾病（*chronic*）、过去一年的住院次数（*hospital*）等。利用极大似然法，以 Logit 模型估计"非常健康""很健康""比较健康""一般"以及"非常不健康"的系数以及风险比率，并据此预测每一类别健康状况的概率。

1. 2010CFPS 健康状况模型估计结果及解析

2010 年多值 Probit 模型表达式如下：

$$P(Y=1,\ 2,\ 3,\ 4,\ 5\mid X)=\Phi(\alpha+\beta_1 age+\beta_2 work+\beta_3 health^1+\beta_4 health^2+\beta_5 ill+\beta_6 chronic+\beta_7 hospital+\beta_8 gender) \quad (5.12)$$

变量统计描述、估计结果及检验统计量如表 5-10~表 5-11 所示。

表 5-10　2010 年 CFPS 健康状况相关数据统计描述

变量	观测量数	平均数	标准差	最小值	最大值
健康状况	14984	1.7358	0.9157	1	5
年龄	14984	45.7897	16.2642	16	101

① 序号1~5分别表示非常健康、很健康、比较健康、一般和非常不健康。

② 1. 更好；2. 差不多；3. 更差。

③ 1. 好；2. 差不多；3. 差。

续表

变量	观测量数	平均数	标准差	最小值	最大值
当前是否有工作	14984	0. 4650	0. 4988	0	1
健康状况与前一年比	14984	2. 1300	0. 6180	1	3
健康状况与同龄人比	14984	1. 9641	0. 6245	1	3
两周内是否有身体不适	14984	0. 2477	0. 4317	0	1
半年内是否有慢性疾病	14984	0. 1427	0. 3498	0	1
去年住院次数	14984	0. 0968	0. 4056	0	12
性别	14984	0. 4802	0. 4996	0	1

表 5 - 11　2010CFPS 健康状况多值 Logit 模型估计结果

变量	系数估计值	标准差	风险比率	标准差	P 值
年龄	0. 0366	0. 0012	1. 0373	0. 0013	0. 000
当前是否有工作	-0. 0845	0. 0371	0. 9190	0. 0341	0. 023
健康状况与前一年比	0. 4462	0. 0305	1. 5624	0. 0477	0. 000
健康状况与同龄人比	1. 6606	0. 0343	5. 2625	0. 1807	0. 000
两周内是否有身体不适	1. 0289	0. 0420	2. 7980	0. 1174	0. 000
半年内是否有慢性疾病	0. 8119	0. 0493	2. 2521	0. 1110	0. 000
去年住院次数	0. 3922	0. 0418	1. 4802	0. 0619	0. 000
性别	-0. 1916	0. 0350	0. 8257	0. 0289	0. 000
对数似然值	-12847. 909	LR χ^2 (8)	7528. 15	准 R^2	0. 2266
观测量数	14984	Prob > χ^2	0. 0000		

表 5 - 11 第一列报告了各解释变量对健康状况影响的系数（β），其数值只代表影响程度和方向，并不能对确切的影响关系做出解释。为此，本书同时估计了风险比率（Odds Ratio），即 e^{β}，见表 5 - 1 第三列。由估计结果可知，给定其他变量不变的情况下，年龄越大，越趋向于“不健康”（因为数字越大，代表的不健康程度越大），年龄每增加一岁，不健康的概率增加 3. 73%；“有工作”（取值为 1）相对于“无工作（取值为 0）”而言更健康（数值越小），有工作居民的不健康概率是无工作居民不健康概率的 0. 919 倍，即有工作时，不健康概率降低，等价表达即健康概率上升 8. 1%；健康状况与一年前相比越差、健康状况与同龄

人相比越差、两周内身体有不适、半年内有慢性疾病、过去一年住院次数越多，居民不健康的概率越大。男性（取值为1）相比女性（取值为0）而言更健康，男性的不健康概率是女性的0.8257倍，即健康概率增加17.43%。根据以上模型结果分别预测“非常健康”“比较健康”“健康”“一般”和“不健康”的概率①，并基于家庭层面对以上预测概率分别计算平均数，将“家庭不健康平均概率”值作为2010CFPS数据中家庭医疗支出不确定的代理变量。

2. 2012CFPS健康状况模型估计结果及解析

利用2012CFPS数据构建模型估计健康状况的概率，结合实际情况以及数据库信息，经多次调整并去掉不显著变量，统计上显著的解释变量及估计结果如表5－13所示。由于此处的目的主要是预测被解释变量的概率，因此，拟合的基本原则是保证解释变量统计显著的前提下，尽量追求较高的准拟合优度（Pseudo R^2），并不追求历年数据解释变量的一致性。相关变量的描述统计结果如表5－12所示。

表5－12　2010CFPS健康状况多值Logit模型估计结果

变量	观测量数	平均数	标准差	最小值	最大值
健康状况	11372	3.1546	1.1295	1	5
性别	11372	0.4717	0.4992	0	1
是否有工作	11372	0.5536	0.4971	0	1
与前一年相比的健康状况	11372	2.2153	0.5830	1	3
两周内是否有身体不适	11372	0.2934	0.4553	0	1
半年内是否有慢性疾病	11372	0.1358	0.3426	0	1
过去一年住院几次	11372	0.1192	0.4430	0	12
锻炼身体的频率	11372	3.3270	1.7504	1	5
年龄	11372	45.4600	15.0669	16	93
一个月内是否喝酒三次以上	11372	0.1626	0.3690	0	1
年龄平方	11372	2293.6020	1450.6710	256	8649
省代码	11372	34.9717	13.0827	11	62
受教育年限	11372	8.4823	4.8337	0	22
居住城乡性质	11372	2.0418	0.8529	1	3

① 对于每一个个体，以上5个概率之和为1。

表5－13的估计结果显示，在其他变量不变的条件下，男性依然要比女性健康的概率高17.4%；有工作比无工作健康的概率高21.59%；健康状况与一年前相比越差、两周内身体有不适、半年内有慢性疾病、过去一年住院次数越多、锻炼身体的频率越低，居民不健康的概率越大。随着年龄的增长，不健康概率呈现先增后减的趋势；省代码越大（西部地区），居民不健康概率越大；受教育年限越长，不健康概率越小，即健康概率越大，每增加一年的受教育年限，健康概率平均增加3.12%。表明受教育年限越长，越关注自己的健康状况。居住地的城乡性质①对健康状况也有显著的影响，住在农村或城郊村的健康概率大于城镇的健康概率。

表5－13 2012CFPS健康状况多值Logit模型估计结果

变量	系数估计值	标准差	风险比率	标准差	P值
性别	－0.1911	0.0388	0.8260	0.0321	0.000
当前是否有工作	－0.2433	0.0400	0.7841	0.0314	0.023
健康状况与前一年比	0.6531	0.0333	1.9215	0.0639	0.000
两周内是否有身体不适	1.2604	0.0425	3.5267	0.1499	0.000
半年内是否有慢性疾病	0.9619	0.0555	2.6165	0.1453	0.000
去年住院次数	0.4613	0.0487	1.5862	0.0772	0.000
锻炼身体的频率	0.0636	0.0105	1.0656	0.0112	0.000
年龄	0.0841	0.0067	1.0878	0.0073	0.000
一个月内是否喝酒三次以上	－0.1083	0.0512	0.8974	0.0460	0.035
年龄平方	－0.0006	0.0001	0.9994	0.0001	0.000
省代码	0.0041	0.0013	1.0041	0.0014	0.002
受教育年限	－0.0214	0.0045	0.9788	0.0044	0.000
居住城乡性质	－0.0527	0.0229	0.9487	0.0217	0.000
对数似然值	－14776.524	LR χ^2（13）	4330.01	准 R^2	0.1278
观测量数	11372	Prob > χ^2	0.0000		

根据以上结果分别预测“非常健康”“比较健康”“健康”“一般”和“不健康”的概率，并基于家庭层面计算平均值，将家庭成员的“平均不健康概率”

① 1. 城市；2. 城镇；3. 农村/城郊村。

值作为2012CFPS数据中家庭医疗支出不确定的代理变量。

3. 2014CFPS健康状况多值Logit模型估计结果及解析

利用2014CFPS数据构建多值Logit模型估计健康状况的概率，结合实际情况以及数据库信息，经多次调整并去掉不显著变量，相关变量的描述统计结果如表5－14所示，统计上显著的解释变量及估计结果如表5－15所示。

表5－15估计结果显示，在其他变量不变的条件下，男性依然要比女性健康的概率高13.38%；有工作比无工作健康的概率高23.86%；健康状况与一年前相比越差、两周内身体有不适、半年内有慢性疾病、过去一年有住院、锻炼身体的天数越少，居民不健康的概率越大。随着年龄的增长，不健康概率呈现先增后减的趋势；受教育年限越长，不健康概率越小，即健康概率越大。每增加一年的受教育年限，健康概率平均增加2.01%。表明受教育年限越长，越关注自己的健康状况。

根据以上结果分别预测“非常健康”“比较健康”“健康”“一般”和“不健康”的概率，并基于家庭层面计算平均值，将家庭成员的“平均不健康概率”值作为2014CFPS数据中家庭医疗支出不确定性的代理变量。

表5－14　2014CFPS健康状况相关数据统计描述

变量	观测量数	平均数	标准差	最小值	最大值
健康状况	13780	2.9896	1.1797	1	5
年龄	13780	47.2028	15.9232	16	102
性别	13780	0.4874	0.4999	0	1
受教育年限	13780	8.6836	4.6249	0	22
是否有工作	13780	0.6665	0.4715	0	1
与前一年相比的健康状况	13780	3.4091	1.1832	1	5
两周内是否有身体不适	13780	0.2917	0.4546	0	1
半年内是否有慢性疾病	13780	0.1791	0.3835	0	1
过去一年是否住院	13780	0.1219	0.3272	0	1
上个月锻炼身体的天数	13780	2.2823	3.0988	0	30
年龄平方	13780	2481.6360	1582.1920	256	10404

表 5-15　2014CFPS 健康状况多值 Logit 模型估计结果

变量	系数估计值	标准差	风险比率	标准差	P 值
年龄	0.0776	0.0058	1.0806	0.0063	0.000
性别	-0.1322	0.0351	0.8762	0.0307	0.000
受教育年限	-0.0203	0.0040	0.9799	0.0039	0.000
是否有工作	-0.2725	0.0402	0.7614	0.0306	0.000
与前一年相比的健康状况	0.3417	0.0151	1.4073	0.0212	0.000
两周内是否有身体不适	1.1236	0.0396	3.0760	0.1217	0.000
半年内是否有慢性疾病	0.9915	0.0470	2.6953	0.1267	0.000
过去一年是否住院	0.6244	0.0525	1.8671	0.0981	0.000
上个月锻炼身体的天数	-0.0368	0.0055	0.9639	0.0053	0.000
年龄平方	-0.0005	0.0001	0.9995	0.0001	0.002
对数似然值	-18056.526	LR χ^2 (10)	5341.14	准 R^2	0.1288
观测量数	13780	Prob > χ^2	0.0000		

第四节　医疗支出不确定条件下城镇居民消费的缓冲储备行为——实证研究

如前所述，缓冲储备模型的被解释变量为对数资产—持久收入比。关于资产，本书在两个层次上进行了界定：一是包括现金、存款、股票、基金、政府债券等金融资产；二是在金融资产的基础上加上除现有住房之外的投资性住房现值。经对比，第二个层次资产定义的所有回归结果均显著优于第一个层次资产定义的回归结果。因此，本书以下所有模型被解释变量中的资产均为“金融投资性住房资产”，即金融资产和投资性住房资产现值之和。将金融投资性住房资产与工资对比①并取对数作为被解释变量（*a_ inc*）。解释变量包括分别以“家庭平均

① 以下简称为“资产—工资比”。

无工作的概率”和各组标准差之和取对数两种方式定义的家庭纯收入的不确定性（*uninc*1 和 *uninc*1）、以“家庭平均不健康概率”和各组标准差之和取对数定义的医疗支出的不确定性（*uncon*1 和 *uncon*1）、以各组标准差之和取对数定义的住房支出的不确定性（*unhouse*）以及教育支出的不确定性（*unedu*）。控制变量包括所在省份（*pro*）、家庭平均年龄（*mage*）、家庭最长者的年龄（max*age*）、家庭成员最高受教育年限（程度）（max*edu*）、家庭平均受教育年限（程度）（*medu*）以及家庭规模（*fsize*）等。以下分别基于普通最小二乘法和分位数回归法估计以上模型的参数。回归模型可表述如下：

$$a\_\ inc = \alpha + \beta_1 medu + \beta_2 mage + \beta_3 \mathrm{max}edu + \beta_4 \mathrm{max}age + \beta_5 fsize + \beta_6 pro + \beta_7 uninc1 + \beta_8 uninc2 + \beta_9 uncon1 + \beta_{10} uncon2 + \beta_{11} unedu + \beta_{12} unhouse + \mu \quad (5.13)$$

一、最小二乘回归估计结果分析

为了便于对结果进行纵向对比，此处只对 2010CFPS 和 2014CFPS 数据进行分析。模型结果均进行了多重共线性和异方差的检验。经检验均存在异方差性，因此，采用加权最小二乘法重新估计参数，权重为随机扰动项方差与相关解释变量辅助回归拟合值的倒数。考虑极端值对最小二乘法的估计结果会有较大影响，每年的回归结果均计算了用于检测极端值的杠杆值，经对比，利用杠杆值与其平均值之比大于 1.5 的样本估计的结果最为理想，因此，将这一比值大于 1.5 的作为极端值，对于全样本和去掉极端值后的样本分别进行回归，并将结果列出进行对比。

1. 2010CFPS 缓冲储备模型估计结果解析

首先对相关数据进行统计描述，可见去掉大约 2500 个离群值后，剩余样本的各变量极差显著变小，家庭平均受教育年限极差由全样本的 19 年变为 16 年；家庭平均年龄极差由全样本的 78 岁变为 67.75 岁；最高受教育年限极差由 22 年变为 17 年；家庭最长者年龄极差由 84 岁变为 69 岁；家庭规模极差由 15 人变为 6 人；等等。相关变量变化情况如表 5 - 16 所示。

表 5-16 2010CFPS 相关变量统计描述

	变量	观测量数	平均值	标准差	最小值	最大值	极差
全样本	对数资产—工资比	6640	-2.6227	5.9461	-13.1224	14.8198	27.9422
	家庭平均受教育年限	6812	7.8631	3.8502	0.0000	19.0000	19.0000
	家庭平均年龄	6812	41.1408	14.6095	11.0000	89.0000	78.0000
	家庭最高受教育年限	6812	10.4687	4.1835	0.0000	22.0000	22.0000
	家庭最长者年龄	6812	55.2358	14.8845	17.0000	101.0000	84.0000
	家庭规模	6812	3.4417	1.5202	1.0000	16.0000	15.0000
	收入不确定性 1①	6812	0.5419	0.2268	0.0002	1.0000	0.9998
	收入不确定性 2②	6806	12.4766	0.1665	12.0265	13.4407	1.4142
	医疗支出不确定性 1③	6806	10.8514	0.1004	10.4137	11.3425	0.9288
	医疗支出不确定性 2④	6812	0.0153	0.0332	0.0001	0.5665	0.5664
	教育支出不确定性⑤	6802	10.6199	0.1937	10.1180	11.4907	1.3727
	居住支出不确定性⑥	6806	10.4911	0.2019	9.8441	11.1863	1.3422
去除离群值样本	对数资产—工资比	4205	-3.4472	5.3395	-12.6115	13.3047	25.9162
	家庭平均受教育年限	4268	8.4805	3.0650	0.0000	16.0000	16.0000
	家庭平均年龄	4268	38.3631	11.8074	14.2500	82.0000	67.7500
	家庭最高受教育年限	4268	11.1258	3.1140	0.0000	17.0000	17.0000
	家庭最长者年龄	4268	51.2296	12.2222	23.0000	92.0000	69.0000
	家庭规模	4268	3.3636	1.1297	1.0000	7.0000	6.0000
	收入不确定性 1	4268	0.4895	0.1908	0.0215	1.0000	0.9785
	收入不确定性 2	4268	12.4740	0.1327	12.1075	12.9245	0.8170
	医疗支出不确定性 1	4268	10.8650	0.0768	10.5717	11.1725	0.6008
	医疗支出不确定性 2	4268	0.0096	0.0151	0.0001	0.1014	0.1013
	教育支出不确定性	4268	10.6298	0.1611	10.2157	11.1619	0.9462
	居住支出不确定性	4268	10.5026	0.1737	10.0175	10.9688	0.9513

① 收入不确定性 1 是指以家庭平均无工作概率测度的收入不确定性。
② 收入不确定性 2 是指以各组标准差之和对数形式计算的不确定性。
③ 医疗支出不确定性 1 是指以标准差之和对数计算的不确定性。
④ 医疗支出不确定性 2 是指以家庭平均不健康概率测度的不确定性。
⑤ 以标准差之和对数计算的不确定性。
⑥ 同第⑤条。

表5－17～表5－19中包含相同解释变量情形下，同时给出了全样本和去除离群值之后的估计结果，可见相比全样本，去除离群值之后的估计结果拟合优度均有大幅度的提升，AIC信息准则均有所下降，因此，认为去除离群值之后的估计结果更为可靠。也进一步证明离群值对最小二乘估计结果有较大的破坏作用。

表5－17　2010CFPS缓冲储备模型估计结果（1）

变量＼模型	只包括收入不确定性1		加入收入不确定性2	
	全样本（1）	去除离群值（2）	全样本（3）	去除离群值（4）
家庭平均受教育年限	－0.0214	－0.0191	－0.0043	－0.0063
家庭平均年龄	0.1458***	0.1868***	0.1135***	0.1678***
家庭最高受教育年限	－0.2483***	－0.4787***	－0.2210***	－0.4533***
家庭最长者年龄	－0.0625***	－0.1132***	－0.0689***	－0.1195***
家庭规模	0.1584*	0.2692*	0.1056	0.2332
收入不确定性1	18.4921***	26.7098***	18.7312***	26.7646***
收入不确定性2	—	—	3.4153***	2.0667***
医疗支出不确定性1	—	—	—	—
医疗支出不确定性2	—	—	—	—
常数项	－233.6221***	－333.3751***	－237.0109***	－334.2901***
R^2	0.2501	0.3362	0.2567	0.3381
N	6634	4205	6634	4205
F	368.4725	354.3696	326.9309	306.2150
AIC	40584.8490	24310.9740	40528.5360	24301.1560

注：“＊”表示在10%显著性水平下显著；“＊＊”表示在5%显著性水平下显著；“＊＊＊”表示在1%显著性水平下显著，下同。

表5－18　2010CFPS缓冲储备模型估计结果（2）

变量＼模型	加入医疗支出不确定性1		加入医疗支出不确定性2	
	全样本（5）	去除离群值（6）	全样本（7）	去除离群值（8）
家庭平均受教育年限	0.0178	0.0279	0.0162	0.0251
家庭平均年龄	0.1194***	0.1555***	0.1199***	0.1568***
家庭最高受教育年限	－0.1576***	－0.4017***	－0.1600***	－0.4021***
家庭最长者年龄	－0.0757***	－0.1085***	－0.0740***	－0.1071***

续表

变量＼模型	加入医疗支出不确定性1		加入医疗支出不确定性2	
	全样本（5）	去除离群值（6）	全样本（7）	去除离群值（8）
家庭规模	0.2007**	0.0931	0.1891*	0.0972
收入不确定性1	16.9234***	25.0023***	16.8854***	24.8422***
收入不确定性2	3.7061***	2.3756***	3.9060***	2.6099***
医疗支出不确定性1	9.4936***	14.9216***	9.4289***	14.8022***
医疗支出不确定性2	—	—	-7.7251***	-10.9456***
常数项	-112.6244***	-150.8191***	-112.8826***	-150.1551***
R^2	0.2794	0.3818	0.2811	0.3845
N	6634	4205	6634	4205
F	321.2185	324.0016	287.8662	291.1962
AIC	40324.2020	24015.3740	40310.7520	23999.2140

表5-19　2010CFPS缓冲储备模型估计结果（3）

变量＼模型	加入教育支出不确定性		加入居住支出不确定性	
	全样本（9）	去除离群值（10）	全样本（11）	去除离群值（12）
家庭平均受教育年限	-0.0180	-0.0523	-0.0171	-0.0535
家庭平均年龄	0.1181***	0.1443***	0.1206***	0.1341***
家庭最高受教育年限	-0.1072***	-0.3055***	-0.1254***	-0.2842***
家庭最长者年龄	-0.0672***	-0.0971***	-0.0685***	-0.0916***
家庭规模	0.1533*	-0.0482	0.1397	-0.0536
收入不确定性1	13.5990***	20.2377***	13.0044***	21.6416***
收入不确定性2	3.9211***	2.9919***	3.8936***	3.1279***
医疗支出不确定性1	10.7773***	17.9714***	10.5627***	18.4614***
医疗支出不确定性2	-7.4713***	-10.9836***	-7.4348***	-10.9146***
教育支出不确定性	4.5578***	6.6166***	4.4185***	6.8349***
居住支出不确定性	—	—	1.2389**	2.0854***
常数项	-112.6244***	-150.8190***	-112.8826***	-150.1552***
R^2	0.2958	0.4114	0.2967	0.4136
N	6630	4205	6630	4205
F	278.0670	293.2361	253.8423	268.8969
AIC	40152.4220	23812.8270	40145.9510	23799.3900

以上模型中，随着解释变量的逐一加入，拟合优度不断提高，且后加入的解释变量没有显著影响前面解释变量的显著性，因此，模型比较稳健，同时也表

明，只考虑收入不确定性的基本缓冲储备模型不适合解释我国城镇居民的预防性储蓄行为。以下以模型式（5.12）即加入居住支出不确定性并去除离群值后的估计结果为准，分析各解释变量及控制变量对被解释变量的影响。

由模型估计结果可见，保持其他变量不变，家庭无工作概率每增加一个单位，资产—工资比平均增加 21.64%，收入标准差之和每增加 1%，资产—工资比平均增加3.13%。可见收入不确定是导致我国城镇居民降低当前消费而积累财富的主要原因之一。家庭无工作的概率越大，其直接影响是工资降低，进而增加资产—工资比；收入标准差之和代表了居民对未来收入不确定性的预期，其对资产—工资比正向且显著的影响表明，我国城镇居民具有显著的预防性储蓄动机。医疗支出标准差之和每增加 1%，资产—工资比平均增加 18.46%，家庭平均不健康概率每增加一个单位，资产—工资比平均减少 10.92%。与本书之前的设想一致，医疗支出标准差所代表的居民对未来医疗支出不确定性预期越大，居民资产—工资比越大；但是家庭不健康概率对资产工资影响为负且显著，这表明不健康概率越大，医疗支出越大，在工资水平不变的情形下，居民只有动用储蓄等流动性较强的资产，最终导致资产—工资比下降。作为对比，本书同时加入教育支出不确定性和居住支出不确定性，由估计结果可知，二者对资产—工资比的影响均显著，二者标准差之和分别增加 1%，资产—工资比分别平均增加 6.83% 和 2.08%。影响程度远小于医疗保健支出的不确定性。

其他控制变量方面，家庭平均受教育年限和家庭规模对家庭的资产—工资比没有显著影响，但是，家庭中最高受教育年限却显著地负向影响资产—工资比，且家庭中最高受教育年限每增加一年，家庭资产—工资比平均下降0.28%。可见，一个家庭中受教育水平最高的成员与家庭决策直接关联，且随着受教育水平的提高，家庭会降低其资产—工资比，从而释放消费可能性。原因可能是较高的受教育水平一般具有体面的工作以及稳定的收入，对未来的不确定性预期较低，因而，消费意愿比较积极。家庭中最长者的年龄每增加一岁，资产—工资比平均降低 0.09%。原因可能是随着年龄的增长，健康状况不断下降，在医疗保障体制覆盖深度不够的前提下，其带给家庭较大的医疗支出负担，进而会影响资产的积累。

2. 2014CFPS 缓冲储备模型估计结果解析

表 5－20 为 2014CFPS 相关数据统计描述。为了提高拟合优度，本年度回归

模型中进一步控制了所在省份。从全样本和去除离群值后的样本统计描述同样可以看出，去除离群值后，各变量的极差均显著变小。模型估计结果如表 5 –21 ~ 表 5 –23 所示。

表 5 –20　2014CFPS 相关数据统计描述

	变量	观测量数	平均值	标准差	最小值	最大值	极差
全样本	对数资产—工资比	6083	–1.0254	6.4307	–13.6122	14.2855	27.8977
	家庭平均受教育年限	6124	2.8683	1.0607	0	20	20
	家庭平均年龄	6124	40.2504	14.8214	2	97	95
	家庭最高受教育年限	6124	3.9175	1.3631	0	22	22
	家庭最长者年龄	6124	55.3083	15.6698	3	105	102
	家庭规模	6124	3.4618	1.6532	1	17	16
	收入不确定性 1	6124	0.3451	0.2743	0.0040	1	0.9959
	收入不确定性 2	6119	12.4828	0.2908	11.9623	13.8236	1.8612
	医疗支出不确定性 1	6124	0.1444	0.1370	0.0061	0.7900	0.7839
	医疗支出不确定性 2	6119	11.1425	0.1294	10.7613	11.8343	1.0730
	教育支出不确定性	6119	10.6669	0.1566	10.1720	11.5036	1.3316
	居住支出不确定性	6119	11.7295	0.1305	11.2745	12.2078	0.9333
	所在省份	6124	35.3400	13.5403	11	64	53
去除离群值样本	对数资产—工资比	4422	–1.3248	6.2959	–13.6122	14.2855	27.8977
	家庭平均受教育年限	4457	2.8846	0.9302	0	16	16
	家庭平均年龄	4457	38.5255	12.8166	11.3333	86	74.6667
	家庭最高受教育年限	4457	3.9367	1.2229	0	17	17
	家庭最长者年龄	4457	52.6179	13.5986	17	96	79
	家庭规模	4457	3.3635	1.2928	1	8	7
	收入不确定性 1	4457	0.2953	0.2335	0.0083	1.0000	0.9917
	收入不确定性 2	4457	12.4773	0.2637	11.9623	13.4190	1.4567
	医疗支出不确定性 1	4457	0.1183	0.0969	0.0061	0.5562	0.5501
	医疗支出不确定性 2	4457	11.1339	0.1044	10.8483	11.5115	0.6632
	教育支出不确定性	4457	10.6677	0.1370	10.2079	11.1600	0.9520
	居住支出不确定性	4457	11.7310	0.1175	11.4106	12.1369	0.7264
	所在省份	4457	34.6933	12.4729	11	62	51

表5-21　2014CFPS缓冲储备模型估计结果（1）

变量＼模型	只包括收入不确定性1		加入收入不确定性2	
	全样本（1）	去除离群值（2）	全样本（3）	去除离群值（4）
家庭平均受教育年限	-0.3288*	-0.3720	-0.4202**	-0.6213**
家庭平均年龄	0.1017***	0.1066***	0.0902***	0.0836***
家庭最高受教育年限	0.1093	0.1375	-0.4384***	-0.3027*
家庭最长者年龄	-0.0325**	-0.0513**	-0.0369***	-0.0493**
家庭规模	-0.4446***	-0.3868***	-0.5902***	-0.8227***
所在省份	-0.0060	-0.0039	0.0021	0.0024
收入不确定性1	3.5007***	3.3681***	3.5007***	3.1531***
收入不确定性2	—	—	7.0149***	7.9187***
常数项	-2.9977***	-2.5535***	-87.0817***	-96.7016***
R^2	0.1270	0.1812	0.2063	0.2503
N	6082	4422	6077	4422
F	110.5291	48.7823	175.2739	100.6275
AIC	39087.39	28455.84	38478.15	28006.97

表5-22　2014CFPS缓冲储备模型估计结果（2）

变量＼模型	加入医疗支出不确定性1①		加入医疗支出不确定性2②	
	全样本（5）	去除离群值（6）	全样本（7）	去除离群值（8）
家庭平均受教育年限	-0.4343**	-0.6429***	-0.3619*	-0.5236**
家庭平均年龄	0.0911***	0.0858***	0.0860***	0.0746***
家庭最高受教育年限	-0.4346***	-0.3009*	-0.5309***	-0.5761***
家庭最长者年龄	-0.0364***	-0.0480**	-0.0317**	-0.0294*
家庭规模	-0.5930***	-0.8224***	-0.2891***	-0.4092***
所在省份	0.0022	0.0025	0.0015	0.0213**
收入不确定性1	3.6038***	3.3042***	3.9384***	3.7766***
收入不确定性2	7.0045***	7.8978***	5.9172***	6.8296***
医疗支出不确定性1	-0.6877	-1.5643	-0.8501	-2.1882*
医疗支出不确定性2	—	—	11.6042***	18.6711***
常数项	-86.9251***	-96.4003***	55.0411***	123.0143***

① 以家庭平均不健康概率测度的不确定性。

② 以分组标准差之和对数度量的不确定性。

续表

变量＼模型	加入医疗支出不确定性1[①]		加入医疗支出不确定性2[②]	
	全样本（5）	去除离群值（6）	全样本（7）	去除离群值（8）
R^2	0.2065	0.2607	0.2526	0.2708
N	6077	4422	6077	4422
F	157.8755	90.8256	186.3596	134.2205
AIC	38478.91	28006.63	38117.18	27559.63

表5－23　2014CFPS缓冲储备模型估计结果（3）

变量＼模型	加入教育支出不确定性		加入居住支出不确定性	
	全样本（9）	去除离群值（10）	全样本（11）	去除离群值（12）
家庭平均受教育年限	－0.4463**	－0.5406**	－0.6058***	－0.7513***
家庭平均年龄	0.0774***	0.0657***	0.0676***	0.0645***
家庭最高受教育年限	－0.1138	－0.0558	0.0919	0.1585
家庭最长者年龄	－0.0249**	－0.0245	－0.0200*	－0.0270
家庭规模	－0.1557*	－0.0951	－0.3905***	－0.2711*
所在省份	0.0101	0.0288***	0.0428***	0.0606***
收入不确定性1	3.8509***	3.7678***	3.4835***	3.3050***
收入不确定性2	6.7313***	8.1439***	8.3709***	9.5633***
医疗支出不确定性1	－0.8212	－2.2252*	－0.5576	－1.5826
医疗支出不确定性2	11.8619***	19.1796***	9.8474***	15.9828***
教育支出不确定性	7.1028***	10.2225***	3.9841***	7.5114***
居住支出不确定性	—	—	12.8276***	11.8788***
常数项	121.2875***	218.0621***	194.9970***	274.5803***
R^2	0.2674	0.2831	0.3101	0.3339
N	6077	4422	6077	4422
F	184.5018	138.0414	209.6671	148.0387
AIC	37997.28	27428.12	37634.51	27238.63

① 以家庭平均不健康概率测度的不确定性。
② 以分组标准差之和对数度量的不确定性。

与2010年估计过程相同，表5－21～表5－23中包含相同解释变量情形下，同时也给出了全样本和去除离群值之后的估计结果。同样可以发现，去除离群值之后的估计结果拟合优度均有不同程度的提高，AIC信息准则均有所下降，因此，仍然接受去除离群值之后的估计结果。

以上模型中，随着解释变量的逐一加入，拟合优度不断提高，且后加入的解释变量没有显著影响之前解释变量的显著性，表明只考虑收入不确定性的基本缓冲储备模型在解释我国城镇居民的预防性储蓄行为时存在遗漏解释变量问题。以下以模型式（5.12）即加入居住支出不确定性并去除离群值后的估计结果为准，分析各解释变量及控制变量对被解释变量的影响。

由模型估计结果可见，保持其他变量不变，收入标准差之和每增加1%，资产—工资比平均增加9.56%，家庭无工作概率每增加一个单位，资产—工资比平均增加3.30%。总体上可以认为，收入不确定对资产工资之比的影响与2010年相比有所降低；家庭平均不健康概率对资产—工资比的影响不显著，医疗支出标准差和每增加1%，资产—工资比平均增加15.98%。医疗支出不确定性对城镇居民资产收入比的影响也高于收入的不确定性，但与2010年相比，影响程度也有所降低。教育支出不确定性和居住支出不确定性对资产—工资比的影响均显著，二者标准差之和分别增加1%，资产—工资比分别平均增加7.51%和11.88%。影响程度也小于医疗保健支出，但比2010年有较大幅度提高。

其他控制变量方面，家庭最高受教育年限和家庭中最长者的年龄对资产—工资比的影响不显著，但是平均受教育年限和平均年龄显著地影响资产—工资比，二者分别增加一年和一岁，家庭资产—工资比平均降低0.75%和增加0.07%。表明随着社会的进步，家庭决策越来越体现家庭成员的共同意愿，而不是某一个成员说了算。提高家庭的平均受教育水平，可以减少家庭持有资产的比例，从而有助于释放家庭消费潜力。家庭平均年龄越大，家庭资产—工资比也越大，说明越是“高龄”的家庭，对未来的不确定性预期越大，消费意愿越低。其原因可能是医疗负担已经不能完全归咎于老年人，年龄越大，医疗支出预期也就越大，或许可能用各种疾病越来越低龄化来解释。家庭规模每增加一人，资产—工资比平均降低0.27%，表明家庭规模越大，资产积累能力越弱。所在省份在2014年估计结果中对家庭资产—工资比的影响显著，由于省代码是通用的省份识别码，如“11”表示北京市，“65”表示新疆维吾尔自治区，数字越大，其发达程度越差。由于影响系数为正，表明越是不发达地区，积累意愿越高，消费意愿越低。

3. 各类不确定性因素对资产收入比影响弹性分析

分别将2010年和2014年对居民家庭资产—工资比影响显著的弹性在同类型不确定性中加总，得出表5-24所示结果。由计算结果可知，2010年，各类不确定性共同导致家庭资产—工资比提高幅度为24.77%，2014年进一步上升48.24%。以标准差形式测度的医疗支出不确定性对资产—工资比的影响在2010年和2014年的估计结果中均最大。需要注意，从纵向来看，收入的不确定性和教育支出的不确定性对家庭资产—工资比的影响下降，而医疗支出和居住支出的不确定性对家庭资本工资比的影响却在上升。

表5-24 各类不确定性对居民家庭资产—工资比影响弹性汇总 单位:%

不确定性来源	2010年		2014年		变化趋势
	影响弹性	比重	影响弹性	比重	
收入不确定性	24.77	60.06	12.87	26.67	下降
医疗支出不确定性	7.55	18.31	15.98	33.13	上升
教育支出不确定性	6.83	16.56	7.51	15.57	下降
居住支出不确定性	2.09	5.07	11.88	24.62	上升
总计	24.77	100	48.24	100	—

根据以上2010年CFPS和2014年CFPS数据估计结果可以看出：横向对比，医疗支出不确定性对资产—工资比的影响在以上两个年份均远大于收入不确定性的影响；与2010年相比，2014年医疗支出不确定性对资产—工资比的影响下降，但仍然高于收入不确定性的影响。教育支出不确定性和居住支出不确定性对资产—工资比也有显著影响，但其影响程度显著小于医疗支出不确定性。

分析相关控制变量的影响可见，越是不发达地区，积累意愿越强；年龄越大，越倾向于积累，居民对未来的不确定性预期随着年龄的增加而增加，从而导致其积累意愿加强，消费能力下降。受教育程度越高，积累意愿越弱，消费意愿越强。

另外，与本书所设想的一致，以标准差形式测度的各类不确定性对资产—工资比的影响显著且弹性数值较大，这是由于本书采取了计算标准差之和再取对数的测算方式，而不是许多学者先取对数然后计算标准差或者方差。后者由于先对变量本身取对数，无疑已经将差距大幅度缩小，因此，会低估不确定对资产－工资比的影响。

以上是在给定解释变量前提下对被解释变量条件均值的分析，即均值回归。均值回归结论在被解释变量呈对称分布时能够反映解释变量的变化对被解释变量影响的平均程度。但是本书研究的实际数据样本容量相对较大，个体之间也存在较大差异；图5－2及图5－3是基于核密度估计得到的2010CFPS及2014CFPS中被解释变量的分布曲线图，并与正态概率密度进行对比。观察图形可见，“对数金融投资性住房资产—工资比”并不是对称分布，且与正态分布也有一定的差距。因此，基于OLS法估计得出的均值回归结果并不能反映被解释变量整个条件分布的全貌，本书下文进一步运用分位数回归方法，给出对被解释变量更全面的认识。

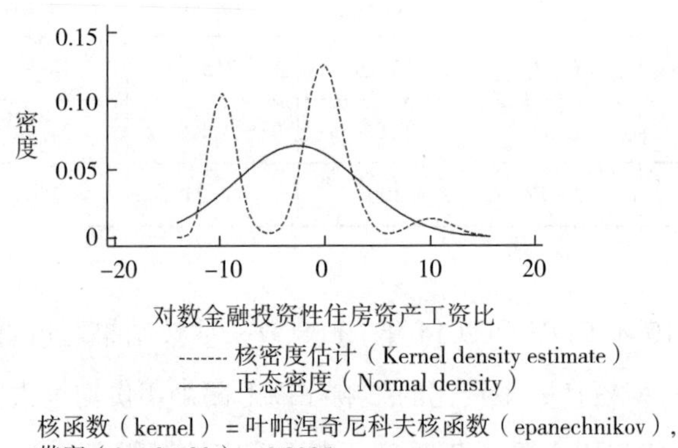

图5－2　2010年被解释变量分布曲线

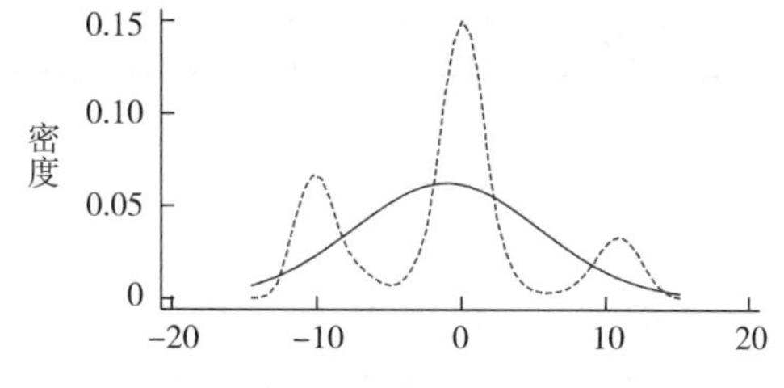

对数金融投资性住房资产工资比

------- 核密度估计（Kernel density estimate）

—— 正态密度（Normal density）

核函数（kernel）= 叶帕涅奇尼科夫核函数（epanechnikov），

带宽（bandwidth）= 0.9308

图 5-3　2014 年被解释变量分布曲线

二、分位数回归估计结果分析

在运用分位数回归分析方法时，有关样本容量，为了与上面的分析一致，仍然采用以上去掉离群值之后的样本进行分析。

1. 2010CFPS 缓冲储备模型分位数估计结果解析

表 5-25 列出了 10%、25%、50%、75% 以及 90% 分位点上的估计结果，同时列出了 OLS 法估计结果用于对比。为便于观察，将不显著系数用 0 代替后绘制不同分位点上各类不确定性对资产—工资比影响系数的组合条形图，如图 5-4 所示。

表 5-25　2010 缓冲储备模型分位数估计结果

	Q0.1	Q0.25	Q0.5	Q0.75	Q0.9	OLS
家庭平均受教育年限	-0.0552	-0.0673	-0.0450	-0.0730*	-0.1079*	-0.0535
家庭平均年龄	0.0536*	0.0942***	0.1047***	0.1089***	0.1975***	0.1341***
家庭最高受教育年限	-0.2452***	-0.2427***	-0.3411***	-0.2259***	-0.1864***	-0.2842***
家庭最长者年龄	-0.0474*	-0.0876***	-0.0721***	-0.0692***	-0.1028***	-0.0916***
家庭规模	-0.0895	-0.0219	-0.0806	-0.0994	-0.0559	-0.0536
收入不确定性 1	0.6228	0.8119	1.5318*	2.1126***	3.8287***	21.6416***

续表

	Q0.1	Q0.25	Q0.5	Q0.75	Q0.9	OLS
收入不确定性2	17.0408***	22.4392***	24.7176***	15.8283***	13.0453***	3.1279***
医疗支出不确定性1	17.1231***	22.9244***	16.3681***	10.7170***	9.7543***	18.4614***
医疗支出不确定性2	-7.3271	-10.9277*	-15.3311***	-12.6782**	-24.6393***	-10.9146***
教育支出不确定性	5.9495***	9.0639***	6.7434***	4.8147***	3.7334***	6.8349***
居住支出不确定性	2.3656***	-2.5788***	-2.4248***	-1.4354**	-1.1531*	2.0854***
常数项	-70.137***	-102.554***	-176.508***	-115.704	-83.284***	-150.155***
R^2	0.0710	0.2471	0.2702	0.1480	0.1473	0.4136
N	4205	4205	4205	4205	4205	4205

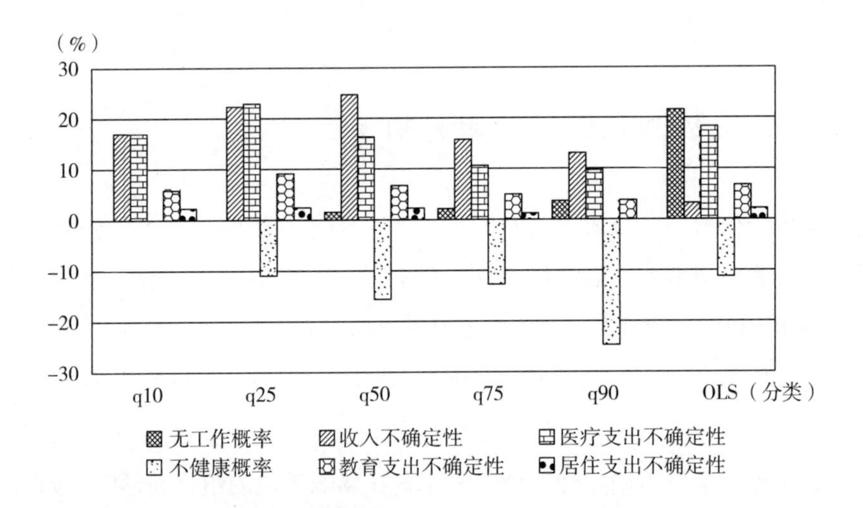

图5-4　2010年不同分位点上各类不确定性支出对资产—工资比影响对比

观察图5-4可得，用于测度收入不确定性指标之一的家庭平均无工作概率对于低积累家庭并无显著性影响，且对高积累程度家庭的影响大于相对低积累程度的家庭。原因可能是低积累家庭（10%和25%分位点）其家庭成员无工作概率很大，不同家庭之间在这一变量上差异很小。随着积累能力的增强，是否有工作对家庭积累意愿的影响也越来越大。也就是说，越是积累能力强的家庭，无工作的概率越大，其积累意愿也就越强。

观察用于测度收入不确定性的第二个指标即各组家庭纯收入标准差和对数的

图形可知，从整体上来看，其对被解释变量的影响程度显著大于无工作概率；从影响程度的分布看，其对中低积累程度家庭的影响要大于对较高积累程度的家庭，中位数上的影响最大，影响高达24.72%；而10%分位点上的影响程度也高达17.04%；在积累能力最强的90%分位点上，影响弹性为13.05%。以上结论表明，对于中低收入群体，其积累意愿对家庭收入不确定越发敏感。由此也可以看出，分别以家庭无工作概率和收入标准差测度的收入不确定性指标，其对不同分位点上家庭资产积累的影响分布有着迥然差异，这也进一步印证了从不同角度测度不确定性的必要性。

同样分析以两种方式测度的医疗支出的不确定性对家庭积累程度的影响，可见以标准差形式测度的医疗支出不确定性，其对家庭积累程度的影响与收入不确定性的影响基本一致，即积累程度越弱的家庭，其受医疗支出不确定性的影响程度越大，其中由以25%分位点上家庭受医疗支出不确定性的影响最大，影响弹性大于相同分位点上收入的不确定性，达到22.92%。而以家庭平均不健康概率测度的医疗支出不确定性对家庭积累程度的影响方向与OLS类似为负，其分布则正好与标准差和测度的医疗支出不确定性相反，即积累程度越高的家庭，其对不健康概率的反应越敏感。这可能的原因是积累程度高的家庭，由于其收入和生活水平相对较高，家庭成员不健康的医疗支出和医疗负担也较大，因此，其对家庭成员健康与否的关注度和敏感程度也就更高；而对于低积累程度的家庭，一方面，由于其收入和生活水平普遍较低，即使生病，由于医疗条件和传统观念的关系，其对医疗支出和医疗负担的预期可能相对也较低；另一方面，中低收入的家庭对自己健康与否的关注度并不很高，因此，根据所搜集数据估计的不健康概率可能较低。基于以上两个方面原因的分析，不健康概率对高积累程度家庭影响的绝对值明显大于对低积累程度家庭的影响。

教育支出不确定性和居住支出不确定性对家庭积累程度的影响明显小于收入不确定性和医疗支出不确定性，且随着积累程度的增加，这两类不确定性对家庭积累程度的影响在逐渐减弱。

综合以上分析结论可知，分位数回归给出了OLS法所不能描述的家庭积累程度分布的全貌，从而更加全面地补充了信息。分析表明，对于中低积累能力或收入水平的家庭，其对收入以及各种支出不确定性尤其是医疗支出不确定性越发敏感。

2. 2014CFPS 缓冲储备模型分位数估计结果解析

根据 2014CFPS 数据重新进行分位数回归，结果如表 5－26 所示，同样将不显著变量设定为 0，然后绘制不同分位点上各类不确定性对资产—工资比影响系数的组合条形图，如图 5－5 所示。

表 5－26　2014 年缓冲储备模型分位数估计结果

	Q0.1	Q0.25	Q0.5	Q0.75	Q0.9	OLS
家庭平均受教育年限	－0.0979	－0.1012	－0.4676**	－0.912***	－1.0463***	－0.7513***
家庭平均年龄	0.0117	0.0250	0.0785***	0.1315***	0.0538	0.0645***
家庭最高受教育年限	0.1168	0.1231	0.2039	0.2433*	－0.2327	0.1585
家庭最长者年龄	－0.0019	－0.0090	－0.0227	－0.053***	－0.0412	－0.0270
家庭规模	－0.0798	－0.1548	－0.2421	－0.1507	－0.3130	－0.2711*
所在省份	0.0832***	0.0823***	0.0620***	0.0306***	0.0575***	0.0606***
收入不确定性 1	1.8947***	3.1001***	2.9987***	4.1956***	5.8107***	3.3050***
收入不确定性 2	10.5672***	11.2597***	8.8916***	5.4955***	9.8719***	9.5633***
医疗支出不确定性 1	－0.1453	－0.5127	－1.2528	－2.3861**	－3.2592*	－1.5826
医疗支出不确定性 2	26.0585***	24.3032***	16.7529***	6.7748***	7.6323***	15.9828***
教育支出不确定性	8.3630***	8.6044***	5.9999***	4.1446***	4.6557***	7.5114***
居住支出不确定性	12.6400***	12.4004***	10.4261***	5.1514***	14.8876***	11.8788***
常数项	384.510***	358.322***	256.747***	111.15***	193.511***	274.580***
R^2	0.1948	0.3018	0.0966	0.0850	0.1683	0.3339
N	4422	4422	4422	4422	4422	4422

观察图 5－5 可见，与 2010 年估计结果相比，无工作概率对家庭积累程度的影响在各个分位点上均显著，而且随着积累能力的增强，影响程度也在加大。收入不确定对家庭积累程度的影响在各个分位点上也显著，仍然是对低分位点上的影响较强。不健康概率在 10%、25% 和 50% 分位点上对家庭积累程度影响不显著，只在 75% 和 90% 分位点的影响显著，且影响方向仍然为负，表明家庭成员健康程度越差，医疗支出和医疗负担越重，就会动用储蓄，进而导致资产—工资比下降。但影响程度与 2010 年相比有较大幅度的降低。分析其原因可能是对于

积累能力较强的家庭，与2010年相比，对健康的保障力度在加大，不断增加的商业保险支出是社会保障的有效补充，因此，对于医疗预期的不确定性并不强烈。表5－27是2010CFPS及2014CFPS样本中“过去一年商业保险类支出”的描述统计对比。可以看出，2014年，城镇居民家庭平均年商业保险支出为1788.61元，是2010年的约2.3倍，而且2014年的标准差大于2010年，在最大值和最小值均相同而均值偏大的条件下，医疗保险支出的重心必定是向右侧偏移，即积累能力或积累程度较高的家庭，其商业保险支出力度越大。在商业保险的有效补充下，居民的医疗负担有所减轻。

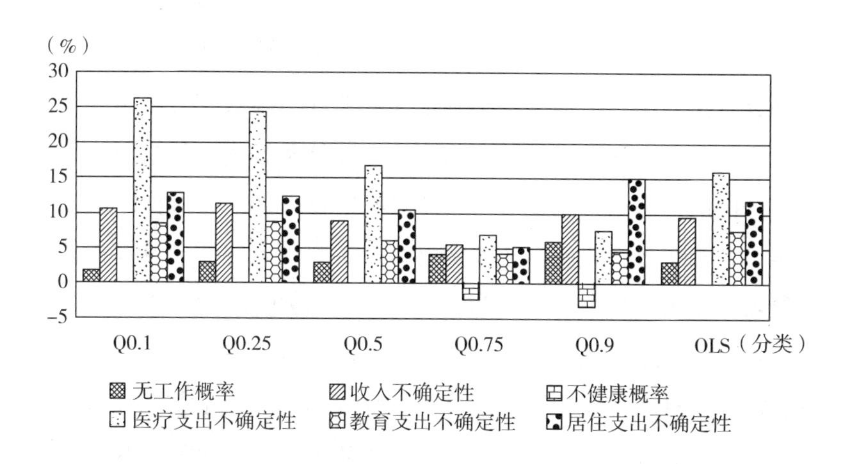

图5－5 2014年不同分位点上各类不确定性支出对资产—工资比影响对比

表5－27 2010CFPS与2014CFPS城镇居民家庭商业保险年支出统计描述

所属数据库	观测量数	均值	标准差	最小值	最大值
CFPS2010	4205	781.2317	4611.3210	0	200000
CFPS2014	4422	1788.6070	6097.3810	0	200000

然而，以标准差计算的医疗支出不确定性对家庭资产—工资比的影响仍然非常大。虽然在平均意义上（OLS），2014年（18.46%）影响略小于2010年（15.98%），但在中低积累程度的家庭，尤其是10%分位数上，2014年为26.05%，2010年为17.12%；在90%分位点上，两年的影响弹性分别为9.75%

和7.63%，可见，医疗支出不确定性对居民积累意愿的影响，越来越向低生活水平的家庭偏移。教育支出和居住支出不确定性对家庭积累程度的影响在各分位点上均显著，其分布显示出两头大中间小的“U型”特征。

第五节　城镇居民消费行为的心理基础

本章在传统缓冲储备模型框架内加入我国城镇居民的医疗支出、居住支出及教育支出的不确定性变量，并重点关注了医疗支出不确定性对城镇居民储蓄模式的影响。研究结论显示，医疗支出不确定性的增加会导致我国城镇居民的财富—持久收入比率上升，即消费或储蓄行为遵循缓冲储备模式。其原因是消费者预期可能会有很高的医疗支出，因此心目中的目标财富—持久收入比率会比完全预期下高出很多，当消费者自我感觉实际的财富—持久收入比低于目标比值时，就会尽可能地储蓄。也就是说，居民消费的“谨慎”心理要强于“缺乏耐心”的心理。那么，在医疗支出不确定条件下，这两种心理状态进行转换的思维导向是什么？以下将利用心理核算账户的概念，对医疗支出不确定预期下我国现阶段城镇居民所体现出的预防性储蓄动机特征予以进一步解释，从而完成本书“宏观—微观—心理”三位一体的经验分析框架。

一、基于心理账户及医疗支出不确定性预期的城镇居民消费行为分析

由于医疗支出属于刚性极强的支出类型，即该项支出的发生并不以收入的高低为转移。因此，医疗支出在严格意义上并不属于消费，而属于未来收入的一种强制性损失。为了避免因未来收入的降低而大幅度降低消费水平，消费者只能选择大量储备财富，以便在发生医疗支出的时候进行变现。为了验证医疗保健支出的“超刚性”，笔者基于2010年、2012年及2014年的CFPS城镇居民家庭调查数据计算了家庭消费性支出、食品支出、衣着支出、居住支出、家庭设备用品及

服务支出、医疗支出、交通通信支出、文教娱乐支出、其他支出、转移性支出以及福利性支出与家庭纯收入和工资性收入之间的线性相关系数，并在5%显著性水平下进行了显著性检验，计算及检验结果如表5－28所示。

观察表5－28中的数据可以得出如下结论：第一，从总体上来看，各类支出与家庭纯收入以及工资性收入的相关程度呈逐年下降趋势，这表明居民消费性支出以及非消费性支出的影响因素日趋多元化；这也在一定程度上进一步印证了我国居民消费的增长速度与收入增长速度不同步的现实，也说明在研究我国城镇居民消费问题时，绝对收入假说已经不再适用。第二，与家庭收入及工资水平相关程度较高的消费支出类别有食品、衣着、家庭设备用品及服务、交通通信、文教娱乐等以及转移性支出和福利性支出等非消费性支出，而居住支出和其他支出与家庭收入及工资的关系较小。最为特殊的是医疗保健支出，其与家庭工资性收入的相关系数均不显著，与家庭纯收入的相关系数只有在2010年和2014年显著，但相关程度很低，只有0.05和0.03。以上计算结果说明，对于医疗保健支出而言，家庭收入的影响已经微不足道。这也意味着对于中低收入家庭，因病致贫、因病返贫的可能性极高。因此，为了“防患于未然”而进行预防性储蓄也就在情理之中。

表5－28 我国城镇居民家庭各类别支出与收入及工资的线性相关系数

数据年度	2010		2012		2014	
变量	家庭纯收入	工资性收入	家庭纯收入	工资性收入	家庭纯收入	工资性收入
总消费性支出	0.5340*	0.5563*	0.3040*	0.2126*	0.2973*	0.2347*
食品支出	0.4080*	0.4131*	0.2263*	0.1590*	0.3323*	0.2519*
衣着支出	0.4673*	0.4929*	0.2460*	0.2098*	0.2331*	0.2323*
居住支出	0.1683*	0.1835*	0.1697*	0.0854*	0.0812*	0.0628*
家庭设备及用品支出	0.3301*	0.3351*	0.1961*	0.1335*	0.1438*	0.1246*
医疗保健支出	0.0452*	0.0071	0.0111	－0.017	0.0291*	－0.0032
交通通信	0.4483*	0.4875*	0.2990*	0.2368*	0.3417*	0.3143*
文教娱乐	0.3525*	0.3725*	0.1638*	0.1367*	0.2422*	0.2235*
其他	0.0501*	0.0581*	0.0797*	0.0711*	0.1739*	0.1456*

续表

数据年度	2010		2012		2014	
变量	家庭纯收入	工资性收入	家庭纯收入	工资性收入	家庭纯收入	工资性收入
转移性支出	0.2313*	0.2210*	0.1953*	0.1548*	0.1024*	0.0746*
福利性支出	0.2056*	0.1812*	0.0685*	0.0624*	0.1731*	0.1570*

数据来源：根据CFPS相关数据计算。（“*”表示在5%显著性水平下线性相关）

从心理账户的角度予以分析。根据行为消费理论，消费者会设置三个心理账户，即当前可支配收入账户（I）、当前资产账户（A）和未来账户（F）。基于当前可支配收入的消费对消费者的诱惑程度最高，其次是当前资产账户，最后是未来账户。我们认为，医疗支出的不确定性预期主要会对心理账户系统中的未来收入账户（F）产生影响。在其他因素不变的条件下，不确定性预期加大，意味着实际收入水平是在下降的。因此，当医疗支出的不确定性增大时，会使得未来账户（F）的额度降低，于是消费该账户的边际效用将会提升。未来账户是关系自身及家庭未来生活的重要保障，当其额度降低时，在没有明确的收入增加和支出不增加的预期下，消费者会尽可能填补未来账户的空缺，以维持各账户之间的相对平衡。因此，消费者一方面会将当前可支配账户（I）或当前资产账户（A）中的已有部分财富资源转移到未来账户（F）中，另一方面，对于新增的收入，也会被优先安排于未来账户（F）之中。结果就是居民的总体消费倾向下降，同时，居民当前可支配账户的余额会降低。长此以往，居民消费倾向持续下降，而储蓄率却持续上升。

至此，我们完成了从心理账户的角度对现阶段我国城镇居民资产组合的“厚底型”特征以及居民整体消费倾向下降的解释。表明我国城镇居民家庭不管是从财富存储的角度，还是从消费的角度，都设立不同的心理账户，并且不同的账户被贴上了不同的功能标签。医疗支出的不确定性预期，会使得金字塔型的资产组合中，安全保障型资产所处的“底部”增厚。这部分资产首先是被安排在了当前可支配收入账户和当前资产账户中，由于未来账户在不确定预期下会“缩水”，消费者会为了维持各账户之间的平衡，将可支配收入以及当前资产账户的部分财富转移至未来账户以填补空缺。消费者在各账户之间转移财富并非无成

本，而是需要一定的心理成本。设置不同的心理账户以及在各账户之间转移财富的心理成本意味着各心理账户之间具有不可替代性，这在本书前面已经提及，以下则利用 CFPS 数据中家庭收支数据，进一步验证我国城镇居民心理账户之间的不可替代性。

二、心理账户之间不可替代性的检验

行为消费理论认为，当前可支配收入账户（I）、当前资产账户（A）和未来账户（F）对消费者诱惑程度依次递减；同时，各账户的边际消费倾向也依次递减。且经过以上分析，消费者在进行消费决策时，各心理账户具有不可替代性。本节依据 2010 年、2012 年及 2014 年 CFPS 的家庭数据库相关变量，对心理账户之间的不可替代性进行检验。

1. 模型及变量的统计描述

本节主要检验家庭可支配收入与家庭资产对城镇居民消费影响的不可替代性，由于未来账户不容易测度，本书予以省略，并以家庭纯收入作为当前可支配收入的代理变量，以家庭总资产[①]作为当前资产的代理变量。因此，用于检验的模型被解释变量为家庭消费性支出，解释变量为家庭纯收入以及家庭总资产，并取以上三个变量的对数形式；控制变量包括家庭成员最小年龄、家庭成员的平均受教育年限、最大受教育年限以及家庭规模等家庭人口学特征变量。

设定模型如下：

$$\ln c = \beta_0 + \beta_1 \ln inc + \beta_2 \ln asset + \gamma_1 \mathrm{min}age + \gamma_2 medu + \gamma_3 \mathrm{max}edu + \gamma_4 fsize$$

其中 $\ln c$、$\ln inc$、$\ln asset$、$\mathrm{min}age$、$medu$、$\mathrm{max}edu$ 以及 $fsize$ 分别表示家庭消费性支出对数、家庭纯收入对数、家庭总资产对数、家庭最小年龄、家庭平均受教育年限、家庭最高受教育年限以及家庭人口数。

利用普通最小二乘法对以上模型进行估计，经检验存在异方差，且异方差由收入变量所引起。于是改用加权最小二乘法估计，权重的计算方式有以下几步：

① 既包括现金、存款、股票等金融资产，也包括现住房、投资性住房、土地资产、公司资产、生产性固定资产等全部家庭资产。

第一步，采用 OLS 法估计以上回归模型，取残差 e1，计算其平方（记为 e2）后取对数记为 lne2；

第二步，构造 lne2 对 lninc 的辅助回归模型，并估计参数，计算 lne2 的预测值，记为 lne2f；

第三步，去掉 lne2f 的对数符号，记为 e2f，并用 1/e2f 作为权重重新对以上模型进行加权最小二乘估计。

为尽可能消除极端值对回归结果的影响，本书基于以上回归结果计算了用于识别极端值的杠杆值，并计算了各杠杆值与所有杠杆值平均数的比值，即杠杆比率。经过数次回归对比，认为将这一比值大于 3 的观测量去掉之后的回归结果最为理想。因此，以下首先报告的即为去掉杠杆比率大于 3 的观测量之后的样本描述，如表 5 - 29 所示。

表 5 - 29　变量的统计描述

数据年度	项目	对数家庭消费支出	对数家庭纯收入	对数家庭总资产	家庭最小年龄	家庭平均受教育年限	家庭最大受教育年限	家庭规模
2010	观测量数	5837	6200	6200	6200	6200	6200	6200
	平均数	10.0568	10.2817	11.9845	24.2407	7.9259	10.5484	3.4150
	标准差	0.7868	0.9446	1.7434	20.9470	3.7757	4.0822	1.4117
	最小值	6.0162	6.6846	4.3944	0	0	0	1
	最大值	13.5993	14.1563	17.2167	89	19	22	9
2012	观测量数	4445	4773	4773	4773	4773	4773	4773
	平均数	10.4096	10.4974	12.1663	23.3725	3.0614	4.0876	3.5378
	标准差	0.8154	1.0273	1.6300	19.9423	1.0017	1.2931	1.4706
	最小值	7.1601	6.3969	5.0106	0	1	1	1
	最大值	14.2638	14.2433	17.3300	89	7	8	10
2014	观测量数	5209	5635	5635	5635	5635	5635	5635
	平均数	10.6245	10.6300	12.5764	23.1272	2.8915	3.9366	3.4142
	标准差	0.8240	1.0247	1.7615	20.9186	1.0589	1.3523	1.5500
	最小值	7.3994	6.4297	5.4500	0	1	1	1
	最大值	13.9891	15.2199	17.9317	97	7	8	10

2. 心理账户之间不可替代性的检验

基于以上数据运用加权最小二乘法分别估计2010年、2012年及2014年的回归模型，估计结果如表5－30所示。

表5－30 心理账户不可替代性检验结果

数据年度	变量	系数	标准差	T统计量	P值
2010	对数家庭纯收入	0.4087	0.0101	40.52	0.0000
	对数家庭总资产	0.0527	0.0050	10.57	0.0000
	家庭最小年龄	－0.0043	0.0005	－8.61	0.0000
	家庭平均受教育年限	0.0215	0.0040	5.41	0.0000
	家庭最大受教育年限	0.0210	0.0038	5.58	0.0000
	家庭规模	0.0157	0.0076	2.07	0.0390
	常数项	4.8835	0.0926	52.72	0.0000
	样本容量	F	调整 R^2	Prob > F	收入系数不等于财产系数的F检验
	5837	861.67	0.4695	0.0000	F(1, 5830) = 753.88 Prob > F = 0.0000
2012	对数家庭纯收入	0.2493	0.0124	20.07	0.0000
	对数家庭总资产	0.1104	0.0071	15.57	0.0000
	家庭最小年龄	－0.0039	0.0007	－5.65	0.0000
	家庭平均受教育年限	0.1052	0.0208	5.07	0.0000
	家庭最大受教育年限	0.0356	0.0159	2.24	0.0250
	家庭规模	0.0383	0.0099	3.88	0.0000
	常数项	5.9379	0.1267	46.86	0.0000
	样本容量	F	调整 R^2	Prob > F	收入系数不等于财产系数的F检验
	4445	336.11	0.3115	0.0000	F(1, 4438) = 74.45 Prob > F = 0.0000
2014	对数家庭纯收入	0.3109	0.0111	28.05	0.0000
	对数家庭总资产	0.0932	0.0057	16.24	0.0000
	家庭最小年龄	－0.0019	0.0006	－3.46	0.0010
	家庭平均受教育年限	0.1086	0.0170	6.39	0.0000
	家庭最大受教育年限	0.0247	0.0134	1.85	0.0650

续表

数据年度	变量	系数	标准差	T 统计量	P 值
2014	家庭规模	0.0665	0.0078	8.56	0.0000
	常数项	5.7420	0.1052	54.58	0.0000
	样本容量	F	调整 R^2	Prob > F	收入系数不等于财产系数的 F 检验
	5209	549.12	0.3871	0.0000	F(1, 5202 = 230.17 Prob > F = 0.0000

可见，家庭纯收入对数、家庭总资产对数、家庭最小年龄、家庭平均受教育年限、家庭最高受教育年限以及家庭规模对家庭消费性支出对数的影响均在统计上显著。家庭纯收入对消费性支出的边际弹性分别为 0.41、0.25 和 0.31；而家庭资产对消费性支出的边际弹性分别为 0.05、0.11 和 0.09。对比可以发现，纵向来看，我国城镇居民基于当前可支配收入的边际消费弹性有降低的趋势，而对当前资产的边际消费弹性则有上升的趋势。收入的边际消费弹性下降是公认的事实，也是本书研究的宏观背景；而资产边际消费弹性的上升则进一步佐证了本书的结论，即家庭资产尤其是流动性较强、安全性较高的现金和银行存款的缓冲储备功能越来越强，其直接诱因就是以医疗支出不确定性为主的各类不确定性。横向对比以上回归系数，可见三个年度的回归结果中，家庭纯收入对数的系数远大于家庭资产对数的系数。这就表明当前可支配收入与当前资产被消费者贴上了不同的标签，可支配收入的消费倾向要大于资产的消费倾向。本书进一步通过假设检验的方法对可支配收入的系数是否等于资产的系数进行了检验，原假设为系数相等；备择假设为不相等。用于检验的 F 统计量及其 P 值表明，三个模型中均能够强烈地拒绝原假设，即我国城镇居民的家庭基于可支配收入与家庭资产的边际消费弹性完全不同。

观察其他控制变量对家庭消费的影响，家庭最小年龄对消费的影响为负，即最小年龄越小，家庭消费越多。可能的解释是子女的教育支出已经是家庭消费支出中的重要组成部分，且年龄越小，支出越大，这与当前我国城镇居民给学龄前及小学阶段的孩子上各种培训班的现实相符。家庭平均受教育年限以及家庭最高受教育年限对消费的影响为正，这一方面表明受教育年限越长，用于教育培训方面的消费支出越大；另一方面，受教育程度越高，家庭成员的消费理念和消费层次也必然有所提高。家庭规模的大小对家庭消费支出也呈现出显而易见的正向影响关系。

第六节　本章小结

本章首先对缓冲储备模型的基本原理进行了回顾，随后就我国国情，将该模型扩展为适合于研究我国城镇居民消费行为的计量模型，并借助于 CFPS 微观数据实证检验了中国城镇居民的预防性储蓄动机。经典缓冲储备模型意味收入的不确定性是影响家庭资产—持久收入比的重要因素，本书在该框架中加入医疗支出不确定性、居住支出不确定性及教育支出不确定性，最后分别运用最小二乘回归和分位数回归方法研究了各变量对家庭资产—工资比的影响。总结本章内容，主要得出如下结论：

第一，关于收入及医疗支出不确定性的测度。本书对收入不确定性和医疗支出不确定性的测度均采用了两种方法。前者分别使用家庭平均无工作概率和收入标准差和测度；后者分别使用家庭平均不健康概率和医疗保健支出标准差和测度。回归结果表明，分别以两种方式测度的收入和医疗支出不确定性对家庭资产积累的影响是不同的。这是因为以标准差形式测度的不确定性体现了居民对周围不确定性程度的外在感知，这种感知会被置于消费者的消费行为决策中，从而造成对居民财富—工资比的影响；而以不工作概率或者不健康概率测度的不确定性更多的是家庭内部的客观特征。因此从内、外不同角度测度收入和医疗支出的不确定性是有必要的。

第二，回归结果表明，以标准差形式测度的各类不确定性对资产—工资比的影响显著且弹性数值较大，其原因是本书采用了先计算标准差之和后再取对数的测算方式，而不是许多学者先取对数然后计算标准差或者方差。后者由于先对变量本身取对数，已经将差距大幅度缩小，因此，会低估不确定性对资产—工资比的影响。

第三，2014 年，收入不确定对资产—工资之比的影响与 2010 年相比有所降低；医疗支出不确定性对城镇居民资产—工资比的影响高于收入的不确定性，但与 2010 年相比，影响程度也有所降低。

第四，本书使用的分位数回归给出了 OLS 法所不能描述的家庭积累程度分布的全貌，从而极大地补充了更加全面的信息。分析表明，对于中低积累能力或收入水平的家庭，其对收入以及各种支出不确定性尤其是医疗支出不确定性越发敏感。

综上所述，本书的总结性结论为以下几点：

第一，我国城镇居民存在很强的预防性储蓄机动。

第二，在进行预防性储蓄时，基本上依照缓冲储备模式进行。居民内心存在一个资产与永久收入比率的目标值，在某些情况下，如果持有资产降低，从而实际比率小于该值时，消费者会增加资产持有，从而减少消费；反之，如果由于收入大幅度提高，使得按照原有模式储蓄时，资产永久收入比高于目标比率，消费者对未来就会持乐观预期，因此，就会增加消费而减少储蓄。

第三，通过对只包含收入不确定性的基本缓冲模型以及包含支出不确定性的扩展模型估计结果的对比可以看出，只考虑收入不确定性的基本缓冲储备模型在解释我国城镇居民的预防性储蓄行为时存在遗漏解释变量问题。消费支出的不确定性对我国城镇居民的储蓄行为有显著的影响，而医疗支出不确定性的影响最为显著，其影响程度大于居住支出和教育支出不确定性。

第四，运用心理账户解释的结果是我国城镇居民家庭将财富划归不同的心理账户，并且被贴上了不同的功能标签。医疗支出的不确定性预期，会使得金字塔型的资产组合中，安全保障性资产所处的“底部”增厚。这部分资产首先是被安排在了当前可支配收入账户和当前资产账户中，由于未来账户在不确定预期下会“缩水”，消费者会为了维持各账户之间的平衡，将可支配收入以及当前资产账户的部分财富转移至未来账户以填补空缺。本章最后对不同心理账户之间的不可替代性特征进行了实证检验，检验结果表明我国城镇居民完全符合这一特征，即当前可支配收入账户和当前资产账户对居民消费的影响有显著差异，且基于当前可支配收入的边际消费弹性显著大于基于当前资产的边际消费弹性；不同心理

账户之间的不可替代性从心理学角度诠释了我国城镇居民总体边际消费倾向下降的事实。

至此，本书先前所设想的我国城镇居民消费或储蓄行为遵循缓冲储备模式得以验证。缓冲储备模型中的“缺乏耐心”和“谨慎”两种心理状态，会随着消费者所面临的不确定性程度的强弱而相互转换。

第六章

结论及政策建议

第一节　本书结论

本书首先基于确定性和不确定性两个视角对经典消费理论进行了梳理和总结，并将随机游走假说、预防性储蓄理论、流动性约束理论及缓冲储备假说等考虑收入不确定性预期界定为客观不确定性条件下的消费理论；与之相对应，将兴起于20世纪80年代的行为消费理论界定为主观不确定条件下的消费理论。通过对我国深化经济体制改革和加快体制转轨的国情实际的分析，思考和总结了经典消费理论对我国居民消费实践的适用性及需要拓展的方面，在此基础上确定了本书的研究思路：第一，从宏观数据入手，量化分析我国宏观消费总量及其对GDP的贡献和拉动、城镇居民消费水平、平均消费倾向、边际消费倾向及消费结构的现状；第二，以北京大学社会科学调查中心的CFPS微观数据为基础，详细解读现阶段我国城镇居民医疗支出、医疗负担情况及其对居民家庭资产选择及配置的影响，并在我国东部、中部、西部地区进行对比；第三，基于CFPS微观数据，首先运用离散选择模型和受限被解释变量模型估计了我国城镇居民的医疗支出不确定性和收入不确定性，然后在缓冲储备模型框架内，分别运用最小二乘法和分位数回归分析方法研究了医疗支出预期下我国城镇居民的预防性储蓄行为；第四，将以上结果运用行为消费理论中的心理核算账户予以解释。通过以上“宏观—微观—心理”三位一体的经验分析，在以下几个方面得出了一些重要的结论。

一、宏观总量消费特征

通过对我国改革开放以来宏观经济总量以及消费、投资、净出口等各组成部分对 GDP 的贡献率和拉动作用以及最终消费率和居民消费率的分析，得出以下几点结论：

1. 对 GDP 的拉动

改革开放以来，资本形成总额的增长幅度超过最终消费增长幅度近 10 个百分点；货物和服务净出口对 GDP 的贡献率在 0 上下波动，而最终消费和资本形成总额对 GDP 的贡献率趋势总体上正好相反，前者波动下降且波动幅度较小，后者波动上升但波动幅度较大；在 2000 年之前的大部分年度里，资本形成总额对 GDP 的拉动基本都小于最终消费以及居民消费，但在 2000 年以后，投资与消费对 GDP 的拉动出现“翻转”，投资对 GDP 拉动作用明显高于最终消费。

2. 我国居民最终消费率

从总体上来说，我国最终消费率及居民消费率呈下降趋势，特别是进入 2000 年之后，下降趋势更加明显，但从 2011 年开始有缓慢回升态势。与世界主要国家及地区相比，近年来，我国的居民消费率不仅远低于美国、英国、日本、德国、韩国、中国香港、欧元区发达国家和地区，也远低于印度和巴西等发展中大国。

二、城镇居民消费特征

数据显示，一方面，我国城镇居民消费占居民消费的 70% 以上，且随着城镇化进程的加快，这一比重仍然有继续加大的趋势；另一方面，经济体制转轨以来的各项改革，对城镇居民的冲击要大于对农村居民的，因此，本书选择将城镇居民作为研究对象。通过对我国城镇居民消费性支出、可支配收入、平均消费倾向和边际消费倾向以及消费结构的量化分析，得出以下结论：

1. 城镇居民的平均消费

城镇居民的平均消费倾向在改革开放的前10年呈波动平稳发展态势。从1988年开始直线下降，特别是1998年以后，城镇居民平均消费倾向呈加速下降趋势。

2. 城镇居民的边际消费

城镇居民边际消费倾向也呈现显著的逐年递减趋势，本书运用简单回归分析的方法测算了2003~2016年我国城镇居民的边际消费，结果显示，边际消费倾向由2003年的0.7468下降至2016年的0.5955。

3. 城镇居民的消费结构

城镇居民消费结构方面，食品消费支出比重（即恩格尔系数）总体上呈下降趋势，由1981年的56.66%下降至2017年的28.60%，按照恩格尔定律，我国城镇居民生活水平于2000年的恩格尔系数低于40%而进入富裕阶段；衣着支出所占比重也呈下降趋势，由1981年的14.79%下降至2017年的7.19%；家庭设备用品及服务消费支出比重呈现先上升后下降的变化趋势，1981~1988年，消费支出比重由9.56%上升至15.06%，自1988年开始逐年下降，2015年下降为6.11%；医疗保健消费支出比重的变化趋势可以分为三个阶段。第一阶段从1981年的0.6%增加至2005年的7.56%，特别是1995年之后，增长速度较之前更为迅猛。这反映了这段时间内我国城镇居民的医疗负担逐年加重的现实；第二阶段从2005年开始整体上呈缓慢下降趋势，至2013年下降至6.2%；第三阶段出现在随后的2014年，即重新开始上升，2017年该比重增加至7.27%。交通通信支出比重发展趋势可分为两个阶段，第一个阶段为1981~1992年，该比重在这10多年间几乎没有变化，一直在2%以下小幅波动；1992年以后，出现加速增长趋势。文化教育娱乐服务消费支出比重呈波动起伏变化态势，1981~1984年为下降阶段，1985年该项支出比重上升至11.21%，随后两年出现较大幅度的下降，至1987年下降为8.49%，此后一直到1995年基本上保持在9%上下小幅波动。从1996年开始该项支出比重呈现较大幅度提高，由1996年的9.57%提高到2002年的14.96%，从2003年开始，该项支出比重重新呈现下降趋势，至2017年降为11.65%。居住消费支出

比重总体上呈上升趋势，由1981年的4.43%增加至2013年的9.68%，随后出现陡增是由于2014年的城乡一体化调查口径发生变化所致。

三、城镇居民医疗负担情况

宏观数据已经显示，从20世纪80年代初至现在，我国城镇居民医疗负担总体上呈上升趋势，由1981年的0.61%上升至2017年的7.27%，增长了近11倍之多。只是在2005~2013年显示出下降的趋势，由7.56%降为6.20%。本书进一步基于2010年、2012年和2014年三个年度的CFPS微观调查数据，分析此期间的城镇居民医疗负担情况。

2010~2014年的微观数据显示，在这三年中，家庭医疗负担呈逐年下降趋势，这与宏观数据得出的结论一致。就全国来看，医疗支出比重由2010年的11.41%降至2014年的9.32%，降低了2.09个百分点；分地区来看，东部地区由2010年的10.99%降至2014年的8.81%，降低了2.18个百分点；中部地区由2010年的11.91%降至2014年的9.94%，降低了1.97个百分点；西部地区由2010年的11.89%降低至2014年的9.68%，降低了2.21个百分点。可见，东部地区的医疗支出虽然在绝对数上最大，但医疗负担相对来说却最低，且下降幅度最大；而中部地区城镇居民的医疗负担最大，下降幅度也最小，西部地区的医疗负担及下降幅度居中，这表明医疗负担的大小与经济发展水平存在有负相关关系。此外，医疗负担与家庭纯收入以及家庭工资性收入的负相关关系不仅在全国范围内成立，在各区域内也是显著负相关。但在时间上，东部地区的这种相关程度在降低，而中西部地区的相关程度在升高。这表明东部地区城镇居民医疗负担的贫富差异在缩小，而中部和西部地区居民的医疗负担贫富差异却在扩大。因此可以说，全民医保政策受益较大的是东部相对发达地区居民，而广大中西部城镇居民的医疗负担形势仍然很严峻。

由于微观数据只反映2010~2014年的情形①，这段时间正好处于医疗负担下降的区间。由宏观数据可知，从2013年以后，我国城镇居民医疗负担出现反弹。

① 事实上，每年的数据反映的其实是前1~2年居民的收支情况。

因此，医疗负担带给城镇居民的不确定性预期是当前需重点考虑的现实问题。

四、城镇居民资产选择及配置情况

同样，通过对2010年、2012年和2014年CFPS家庭微观数据有关家庭资产选择及配置情况的分析，得出如下结论：

1. 资产选择情况

我国城镇居民的金融资产、现金及存款以及风险资产持有量均呈逐年增加趋势。分地区来看，无论是哪一年哪一类资产，均呈现出东部、中部、西部逐级降低的特征，且东部地区的资产持有量显著高于中西部地区。结合以上对各地区城镇居民医疗负担的分析，东部地区城镇居民的医疗负担低于中西部地区居民，但金融资产的持有量却显著高于中西部地区，这表明相对于中西部地区居民而言，我国东部城镇居民的储蓄意愿更为强烈。

2. 资产配置情况

无论是在全国还是分区域，现金及存款在金融资产中的比重均呈逐年增加趋势，而股票、基金等风险资产比重则总体上呈下降趋势；金融资产持有比重呈较大幅度的上升，而非金融资产比重呈下降趋势。分地区看，金融资产占比增幅较大的是东部和中部地区城镇居民家庭，而西部地区家庭增长幅度较低，这表明越是发达地区，在进行家庭资产配置时，越倾向于选择金融资产。

五、城镇居民医疗负担对资产选择及配置的影响

基于资产组合理论模型，通过构建我国城镇居民资产选择的二元离散选择Probit模型以及资产配置的受限被解释变量Tobit模型，研究了我国城镇居民医疗负担及主要人口学特征变量对家庭资产选择及资产配置情况的影响，得出以下主要结论：

1. 医疗支出负担对资产选择的影响

（1）我国城镇居民在医疗负担加重时，会选择降低流动性较强金融资产的持有以缓解医疗支出带来的冲击；相反，当医疗负担降低时，居民会更倾向于选

择这一类资产以防不测；家庭年龄对城镇居民家庭金融资产选择的影响呈现明显的“U 型”，具有生命周期的特征；家庭规模对家庭金融资产具有显著的负向影响，表明家庭规模越大，家庭开销越大，可以用来积累和投资的部分也就越少。但在全国和东部地区，家庭是否选择金融资产受家庭规模的影响在下降；而西部地区的这一影响在 2010 年不显著，但是在 2014 年显著，且边际效应绝对值大于全国，这表明西部地区城镇居民家庭对金融资产的选择在很大程度上受制于家庭规模的大小。

（2）对储蓄资产的影响程度与金融资产类似，即负向影响，且西部地区的边际影响绝对数均显著大于全国和其他地区。这表明西部地区的储蓄或消费水平，受医疗负担的影响最为显著，是我国医改需要重点关注的地区。

2. 医疗支出负担对资产配置的影响

（1）医疗负担与我国城镇居民金融资产的比重显著负相关；年龄对城镇居民家庭金融资产比重的影响也呈现明显的“U 型”特征，即“中年”家庭持有的金融资产比重最低，而“年轻”家庭和“老年”家庭持有金融资产的比重较高。家庭平均受教育年限对金融资产配置的影响在 2010 年也呈“U 型”。家庭最大年龄在 2010 年的西部地区和 2014 年的全国均与家庭金融资产持有比重呈负相关关系，这说明家里有高龄老人的家庭负担相对较重，积累困难。家庭最高受教育年限与金融资产的持有比重由 2010 年的显著正相关转变为 2014 年的显著负相关。

（2）医疗负担对储蓄资产的边际影响全部显著为负，且影响程度在所有模型和变量中最大。而西部地区的边际影响绝对数均显著大于全国和其他地区，表明西部地区城镇居民家庭的储蓄或消费水平受医疗负担的影响程度最大，即西部地区城镇居民的储蓄更具有预防预期医疗支出的特征。

六、医疗支出预期不确定对我国城镇居民资产—工资比的影响

本书在缓冲储备框架内重点考察了我国城镇居民医疗支出的不确定性对居民资产—工资比的影响，研究结论表明，我国城镇居民存在很强的预防性储蓄动

机。在进行预防性储蓄时，基本上依照缓冲储备模式进行，即居民内心存在一个资产与永久收入比率的目标值，在某些情况下，如果持有资产降低，从而实际比率小于该值时，消费者会增加资产持有，从而减少消费；反之，如果由于收入大幅度提高，使得按照原有模式储蓄时，资产永久收入比高于目标比率，消费者对未来就会持乐观预期，因此，就会增加消费而减少储蓄。

具体结论包括以下几点：

1. 医疗支出不确定性的影响

医疗支出不确定性对资产—工资比的影响在2010年和2014年均远大于收入不确定性的影响；与2010年相比，2014年医疗支出不确定性对资产—工资比的影响下降，但仍然高于收入不确定性的影响。越是不发达地区，积累意愿越强；居民对未来的不确定性预期随着年龄的增加而增加，从而导致其积累意愿加强，消费能力下降。受教育程度越高，积累意愿越弱，消费意愿越强。

2. 分位数回归结论

分位数回归结果表明，越是中低收入群体，其积累意愿对家庭收入的不确定越敏感；以标准差形式测度的医疗支出不确定性，其对家庭积累程度的影响与收入不确定性的影响基本一致，即积累程度越弱的家庭，其受医疗支出不确定性的影响程度越大，其中又以25%分位点上家庭受医疗支出不确定性的影响最大，影响弹性大于相同分位点上的收入的不确定性，达到22.92%。而以家庭平均不健康概率测度的医疗支出不确定性对家庭积累程度的影响方向及分位点分布情况则正好与以标准差和测度的医疗支出不确定性相反，即家庭平均不健康概率越大，家庭的资产—工资比越低，且积累程度越高的家庭，其对不健康概率的反映越敏感。

但纵向对比，2014年不健康程度对居民资产—收入比的冲击程度小于2010年，究其原因是由于相比2010年，2014年居民对家庭健康的保障力度在加大，表现为城镇居民家庭的平均年商业保险支出为2010年的2.3倍。但医疗保险的增加更多的是来自积累能力或积累程度较高的家庭。

七、城镇居民消费的心理学特征

本书第四章和第五章运用行为消费理论中的心理核算账户的概念，分别对我国城镇居民资产组合及消费行为进行了解释，表明我国城镇居民家庭不管是从财富存储的角度，还是从消费的角度，均设立不同的心理账户，并且不同的账户被贴上了不同的功能标签。医疗支出的不确定性预期，会使得金字塔型的资产组合中，安全保障性资产所处的“底部”增厚。这部分资产首先是被安排在了当前可支配收入账户和当前资产账户中，由于未来账户在不确定预期下会“缩水”，消费者会为了维持各账户之间的平衡，将可支配收入以及当前资产账户的部分财富转移至未来账户以填补空缺。而理论和实证检验结果表明，基于当前可支配收入的边际消费弹性显著大于基于当前资产的边际消费弹性及未来收入账户，因此在不确定性条件下，将资产由当前可支配收入账户转移至资产账户以及未来账户，必然意味着总体上城镇居民边际消费倾向的下降。

第二节 政策建议

由以上结论可知，医疗负担和医疗支出的不确定性是近年来城镇居民平均消费倾向及边际消费倾向下降的主要原因，其对居民消费不足的影响甚至超过居民对收入的不确定性。因此，如何有效降低城镇居民的医疗负担及医疗支出的不确定性预期，是扭转城镇居民消费需求下降趋势的重中之重。因为，只有医疗负担降低了，医疗支出预期的不确定性才能降低，预防性储蓄动机也才能降低。从而居民消费类型由生存性消费向享受型和发展型转变，也只有享受型和发展型消费提高了，居民消费水平才能够真正体现其生活水平的高低，消费需求才能得到最大程度的释放。

以下本书首先给出降低我国城镇居民医疗支出预期的政策建议；其次，在继续加大教育公共支出、稳定收入预期以及其他刺激居民消费的宏观政策方面也给出了相应的对策建议。

一、降低医疗支出不确定性预期，激发居民消费潜力

1. 进一步规范医疗市场，优化医疗资源配置

当前医疗市场仍然存在以药养医、以检查项目养医等市场乱象，这进一步加剧了居民医疗支出的不确定预期。为了逃避医院各种烦琐的检查项目以及一些与疾病本身的严重程度完全不匹配的药品和治疗费用，居民特别是低收入群体对于一些不太严重的疾病，往往讳疾忌医，缺乏对疾病的有效预防，一旦到了必须就医的时候，往往就是大病、重病，这时的医疗支出就出现陡增，甚至因此而致贫或返贫。要改变这种现状，一方面，要建立对医院及医生的长效监管机制，定期对医生处方以及病人病历记录进行回溯审核，发现与病情不相符合的检查项目以及高价位药品应予以记录在案，并作为日常考核的依据，情节严重的要采取必要的处罚措施；另一方面，要引导卫生系统由“治病”向“预防”的功能定位转变。政府卫生支出应该由大型医院分流出更多的部分流向公共产品或者具有良好社会效益和社会声誉的初级卫生保健机构，并且引导优质的医疗资源向公共卫生和初级卫生机构流动。同时，要加大对民众的卫生医疗知识普及和宣传，必要的时候可以借助于权威电视媒体，做到尽早预防并合理利用医疗资源。

2. 控制医疗产品和服务价格，提高医疗服务水平和服务意识

严重扭曲的卫生服务价格体系是亟待改变的现状。以药品价格为例，药品由医药生产企业到药品分配终端，中间有太多的流通环节，使得药品价格被层层加码，这些增加的部分最终完全由患者承担。因此，政府要起监管作用。要从药品生产源头抓起，要求药品生产企业密切跟踪药品流向及价格变化。对于药品最终价格大幅度高于出厂价格的现象，由药品生产企业承担责任。同时，要进一步加强医疗市场的信息化管理，降低药品供需信息的不对称，逐步实现药品信息共享。信息化程度的提高还可以以加强竞争的方式分化医疗市场垄断，从而逐步提高医疗服务水平及服务，合理利用各级医疗资源。

3. 进一步完善城镇居民医疗保险制度

虽然2009年4月国务院“新医改方案”的实施意味着全民医保时代正式到

来，然而由于体系多元分割以及制度的“碎片化”等诸多问题的存在，制度体系呈现保障欠公平、运行成本偏高、效率低下等问题。因此，完善居民医疗保障体系就要求进一步整合城乡医疗保障管理资源、增加财政公共医疗支出；进一步提升保障水平，特别是提升低收入群体的医疗保障水平。

前文结论显示，我国城镇居民对未来的不确定性预期随着年龄的增加而增加。随着我国老龄化形势的严峻，现有医疗保障水平在医疗市场不规范的条件下，根本无法满足老人家庭的医疗支出实际。因此，应该针对年龄推出相关社保政策，加大对老年人的医疗保险深度，提高基本医疗保险额度，尤其是要重点关注经济条件较差老年人群体的医疗保障问题，切实保障老年人的医疗健康需求尽可能得到充分满足，以缓解其自身及子女抵御健康风险的危机感。

但是，这样也可能会带来“道德风险”和医疗保险“滥用”的情况，因此，需要政府从处方药和医院方面做好医疗保险的监管工作。在道德风险可控以及能够杜绝医疗保险“滥用”的前提下，可以根据健康、收入状况制定不同的医保政策。例如，可以根据病人医疗支出的特征将其划分为不同的人群，制定不同的个人账户记入比例、报销比例、起付线和封顶线等，这样做既能够为病人及时提供更多的资金支持，也能够避免更多医疗资源的浪费，在此基础上，还可以尝试制定并实施动态的医保政策，从而实现“医者所需”的所谓医疗资源配置公平性的价值判断。当然，这需要有庞大的数据采集和跟踪系统作为支撑。不过在大数据技术蓬勃发展的今天，其应用也逐步渗透各行各业。因此，在理论上，实现分类、动态的医保政策并不是没有可能，关键是需要相关部门的组织和监管。可见，公平的医疗支出是城镇居民医疗保障制度改革努力实现的目标。

4. 要特别关注城市低收入群体的医疗需求

前文结论表明，对于中低收入群体，其积累意愿对家庭收入以及各种不确定性尤其是医疗支出的不确定越发敏感，因此，医疗保险在抵御低收入家庭健康风险促进消费上效应更为强烈。当务之急是降低西部地区，特别是中低收入家庭的医疗负担，如医疗保险的缴纳比例要将收入水平以及年龄因素考虑在内，而不能“一刀切”；报销比例等除了考虑医疗总费用，也应该跟收入及年龄挂钩。

5. 国家以政策法规的形式，要求中小企业务必保障员工待遇

目前的情形是中小企业员工既没有像行政事业单位职工相对稳定的社会保

障，也没有大企业员工更为可观的收入。因此，在未来收入和支出的双重不确定性条件下，其消费越发谨慎。应该出台相应法规制度，规定企业不分性质、不分大小，必须给符合参保对象的员工按时缴纳社保。同时，要加强对员工的社保意识教育，必要时强制缴纳社保。政府应有明确的监管和惩罚措施，税务部门需加强监管，银行与社保部门要保证信息共享。

6. 规范和引导商业医疗保险市场向中西部低收入居民倾斜

商业保险是社保的有效补充，可以有效降低居民对未来的不确定性预期。虽然与社保相比，商业保险公司首先要考虑的是“盈利”二字，但是证监部门应该发挥其监管权威，引导或要求商业保险公司向中西部地区，特别是中低收入群体提供更具“福利”意义上的保险产品，当然要想将保险对消费的刺激作用发挥到最大，加强人们对保险项目的信任以及对他们进行适当的保险教育和宣传非常有必要。这需要对商业医疗保险公司的管理能力提出更高的要求，也是未来降低城镇居民医疗负担的一个重要途径。

二、进一步稳定收入预期，继续加大教育公共支出力度

本书除了重点关注医疗支出的不确定性对我国城镇居民消费的影响之外，也研究了收入以及教育等支出不确定性的影响，根据所得结论提出以下政策建议：

1. 进一步稳定收入预期，降低收入的不确定性对居民消费行为的影响

收入的不确定性是预防性储蓄理论产生的前提。本书的研究结论也显示，其对大多数国家和地区几乎所有收入阶层城镇居民家庭的消费和储蓄行为都有不同程度的影响。目前，我国各项制度改革均进入深水区，就业制度、收入分配制度等与居民家庭的收入和资产息息相关的制度政策尚在不断完善的过程当中，城镇居民家庭对于未来的收入情况仍有较大的不确定性预期。随着以“调结构”为核心的供给侧改革的逐步开展，城镇居民的收入不确定性预期会进一步加大。因此，在改革的过程中，尽量稳定居民的收入预期，极力营造稳定的宏观就业环境，将有助于降低预防性储蓄，提高城镇居民消费水平。

2. 继续加大对教育的公共支出

本书的研究结论显示，随着社会的进步，家庭最高受教育年限显著影响家庭

的金融决策，且受教育程度越高，收入水平和工作环境相对越高，因此，消费意愿越强，积累意愿越弱。继续加大对教育的投资，逐步提高城镇居民的受教育水平，是挖掘城镇居民消费潜力的长期有效手段。特别是对于低收入地区和家庭，政府应该有相应的教育投入倾斜及教育费用的减免政策，以确保提高全体城镇居民的教育水平。在城镇居民提升消费水平的同时，会对农村居民起辐射和带动作用。

三、其他宏观政策导向

根据本书运用心理核算账户对我国城镇居民资产组合及消费倾向的分析可知，我国城镇居民的资产组合属于"厚底型"金字塔，避免贫穷、财富保值以及应对未来支出特别是医疗支出的不确定性是其目前持有财富的最重要心理动机。如何让金字塔中安全型的底部资产"变薄"，根本性的措施就是降低未来收入及支出尤其是医疗支出的不确定性。

针对居民不同心理核算账户边际消费倾向不同的特点，在保证居民收入增长的长效机制下，将收入的一部分增长以"福利"的形式发放，有可能会促进消费增长。这是由于"福利"往往被认为是"意外之财"，对这部分收入的边际消费倾向非常高；而如果直接全部以工资的形式发放，那么居民会把以这种形式发放的收入增加部分看作是自己的辛苦所得，进而边际消费倾向明显没有前者高。

当然，以上方法固然能够增加个人消费，但是，居民个人对未来的不确定性预期的根源依然存在。因此，采取各种有效手段和措施降低城镇居民对未来收支的不确定性预期是当前提升城镇居民消费水平的关键所在。

参考文献

[1] 中央马克思恩格斯列宁斯大林著作编译局．马克思恩格斯选集（第 1 卷）[M]. 北京：人民出版社，1979.

[2] 中央马克思恩格斯列宁斯大林著作编译局．马克思恩格斯全集（第 42 卷）[M]. 北京：人民出版社，1979.

[3] 谢宇，张晓波，李建新，于学军，任强．中国民生发展报告 2014 [M]. 北京：北京大学出版社，2014.

[4] 国家卫生计生委统计信息中心．第五次国家卫生服务调查分析报告 [M]. 北京：中国协和医科大学出版社，2015.

[5] 陈强．高级计量经济学及 Stata 应用（第二版）[M]. 北京：高等教育出版社，2013.

[6] 宋铮．中国居民储蓄行为研究[J]. 金融研究，1999（6）：46 - 50 + 80.

[7] 孙凤，王玉华．中国居民消费行为研究[J]. 统计研究，2001（4）：24 - 29.

[8] 万广华，史清华，汤树梅．转型经济中农户储蓄行为：中国农村的实证研究[J]. 经济研究，2003（5）：3 - 12 + 91.

[9] 易行健，王俊海，施建淮．预防性储蓄动机强度的时序变化与地区差异——基于中国农村居民的实证研究[J]. 经济研究，2008（2）：119 - 131.

[10] 杜宇玮，刘东皇．预防性储蓄动机强度的时序变化及影响因素差异——基于 1979 ~ 2009 年中国城乡居民的实证研究[J]. 经济科学，2011（1）：70 - 80.

[11] 凌晨，张安全．中国城乡居民预防性储蓄研究：理论与实证[J]. 管理世界，2012（12）：20－27.

[12] 杭斌，申春兰．习惯形成下的缓冲储备行为[J]. 数量经济技术经济研究，2008（10）：142－152.

[13] 杭斌．习惯形成下的农户缓冲储备行为[J]. 经济研究，2009（4）：96－105.

[14] 郭英彤．收入不确定性对我国城市居民消费行为的影响——基于缓冲储备模型的实证研究[J]. 消费经济，2011（6）：52－56.

[15] 罗楚亮．经济转轨、不确定性与城镇居民消费行为[J]. 经济研究，2004（4）：100－106.

[16] 郭英彤，李伟．应用缓冲储备模型实证检验我国居民的储蓄行为[J]. 数量经济技术经济研究，2006（8）：127－135.

[17] 杭斌，申春兰．中国农户预防性储蓄行为的实证研究[J]. 中国农村经济，2005（3）：44－52.

[18] 龙志和，王晓辉，孙艳．中国城镇居民消费习惯形成实证分析[J]. 经济科学，2002（6）：29－35.

[19] 齐福全，王志伟．北京市农村居民消费习惯实证分析[J]. 中国农村经济，2007（7）：53－59.

[20] 艾春荣，汪伟．习惯偏好下的中国居民消费的过度敏感性——基于1995～2005年省际动态面板数据的分析[J]. 数量经济技术经济研究，2008（11）：98－114.

[21] 杭斌，郭香俊．基于习惯形成的预防性储蓄——中国城镇居民消费行为的实证分析[J]. 统计研究，2009（2）：38－43.

[22] 周建，杨秀祯．我国农村消费行为变迁及城乡联动机制研究[J]. 经济研究，2009（1）：83－95＋105.

[23] 闫新华，杭斌．内、外部习惯形成及居民消费结构——基于中国农村居民的实证研究[J]. 统计研究，2010（5）：32－40.

[24] 贾男，张亮亮．城镇居民消费的“习惯形成”效应[J]. 统计研究，2011（8）：43－48.

[25] 杭斌，闫新华．经济快速增长时期的居民消费行为——基于习惯形成的实证分析[J].经济学（季刊），2013（4）：1191－1208.

[26] 曹景林，郭亚帆．我国农村居民消费行为的外部习惯形成特征——基于城镇化背景下的空间面板数据模型研究[J].现代财经，2013（11）：73－82.

[27] 郭亚帆，曹景林．农村居民消费内外部示范效应研究[J].财贸研究，2015（3）：23－31.

[28] 黄娅娜，宗庆庆．中国城镇居民的消费习惯形成效应[J].经济研究，2014（1）：17－28.

[29] 袁靖，陈国进．习惯形成、灾难风险和预防性储蓄——国际比较与中国经验[J].当代财经，2017（2）：40－51.

[30] 孙凤．预防性储蓄理论与中国居民消费行为[J].南开经济研究，2001（1）：54－58.

[31] 万广华，张茵，牛建高．流动性约束、不确定性与中国居民消费[J].经济研究，2001（11）：35－44＋94.

[32] 雷震，张安全．预防性储蓄的重要性研究——基于中国的经验分析[J].世界经济，2013（6）：126－144.

[33] 陈冲．收入不确定性的度量及其对农村居民消费行为的影响研究[J].经济科学，2014（3）：46－60.

[34] 王策，周博．房价上涨、涟漪效应与预防性储蓄[J].经济学动态，2016（9）：71－81.

[35] 尚昀，臧旭恒，宋明月．我国不同收入阶层城镇居民的预防性储蓄实证研究[J].山东大学学报（哲学社会科学版），2016（2）：26－34.

[36] 袁冬梅，李春风，刘建江．城镇居民预防性储蓄动机的异质性及强度研究[J].管理科学学报，2014（7）：51－62.

[37] 龙志和，周浩明．中国城镇居民预防性储蓄实证研究[J].经济研究，2000（11）：33－38＋79.

[38] 李勇辉，温娇秀．我国城镇居民预防性储蓄行为与支出的不确定性关系[J].管理世界，2005（5）：14－18.

[39] 施建淮，朱海婷．中国城市居民预防性储蓄及预防性动机强度：

1999～2003［J］. 经济研究，2004（10）：66－74.

［40］叶海云. 试论流动性约束、短视行为与我国消费需求疲软的关系［J］. 经济研究，2000（11）：39－44.

［41］杭斌，王永亮. 流动性约束与居民消费［J］. 数量经济技术经济研究，2001（8）：22－25.

［42］汪红驹，张慧莲. 不确定性和流动性约束对我国居民消费行为的影响［J］. 经济科学，2002（6）：22－28.

［43］杜海韬，邓翔. 流动性约束和不确定性状态下的预防性储蓄研究——中国城乡居民的消费特征分析［J］. 经济学（季刊），2005（2）：297－316.

［44］高梦滔，毕岚岚，师慧丽. 流动性约束、持久收入与农户消费——基于中国农村微观面板数据的经验研究［J］. 统计研究，2008（6）：48－55.

［45］臧旭恒，李燕桥. 消费信贷、流动性约束与中国城镇居民消费行为［J］. 经济学动态，2012（2）：61－66.

［46］欧阳俊，刘建民，秦宛顺. 流动性约束与我国城乡居民消费［J］. 经济科学，2003（5）：98－103.

［47］孔东民. 前景理论、流动性约束与消费行为的不对称——以我国城镇居民为例［J］. 数量经济技术经济研究，2005（4）：134－142.

［48］潘彬，徐选华. 资金流动性与居民消费的实证研究——经济繁荣的不对称性分析［J］. 中国社会科学，2009（4）：43－53.

［49］唐绍祥，汪浩瀚，徐建军. 流动性约束下我国居民消费行为的二元结构与地区差异［J］. 数量经济技术经济研究，2010（1）：81－95.

［50］刘兆博，马树才. 基于微观面板数据的中国农民预防性储蓄研究［J］. 世界经济，2007（2）：40－49.

［51］郭英彤. 收入不确定性对我国城市居民消费行为影响——基于缓冲储备模型的实证研究［J］. 消费经济，2011（12）：52－56＋22.

［52］宋明月，臧旭恒. 我国居民预防性储蓄重要性的测度——来自微观数据的证据［J］. 经济学家，2016（1）：89－97.

［53］方福前，俞剑. 居民消费理论的演进与经验事实［J］. 经济学动态，2014（3）：11－34.

［54］吴卫星，荣苹果，徐芊．健康与家庭资产选择［J］．经济研究，2011（1）：43－54.

［55］陈琪，刘卫．健康支出对居民资产选择行为的影响［J］．上海经济研究，2014（6）：111－118.

［56］吴卫星，易尽然，郑建明．中国居民家庭投资结构：基于生命周期、财富和住房的实证分析［J］．经济研究，2010年增刊：72－82.

［57］孙凤．中国居民的不确定性分析［J］．南开经济研究，2002（2）：58－63.

［58］徐会奇，王克稳，李辉．影响居民消费行为的不确定因素测量及其作用研究——基于中国农村省级面板数据的验证［J］．经济科学，2013（2）：20－32.

［59］张乐，雷良海．基于预防性储蓄理论的中国城镇居民的消费行为研究［J］．消费经济，2010（4）：10－13.

［60］刘灵芝，潘瑶，王雅鹏．不确定性因素对农村居民消费的影响分析——兼对湖北省农村居民的实证检验［J］．农业技术经济，2011（12）：61－69.

［61］朱波，杭斌．流动性约束、医疗支出与预防性储蓄［J］．宏观经济研究，2015（3）：112－133.

［62］何兴强，史卫．健康风险与城镇居民家庭消费［J］．经济研究，2015（5）：34－48.

［63］郝云飞，宋明月，臧旭恒．人口年龄结构对家庭财富积累的影响——基于缓冲存货理论的实证分析［J］．社会科学研究，2017（4）：37－45.

［64］周京奎．收入不确定性、住宅权属选择与住宅特征需求——以家庭类型为视角的理论与实证分析［J］．经济学（季刊），2011（7）：1459－1498.

［65］臧旭恒，裴春霞．预防性储蓄、流动性约束与中国居民消费计量分析［J］．经济学动态，2004（12）：28－31.

［66］申朴，刘康兵．中国城镇居民消费行为过度敏感性的经验分析：兼论不确定性、流动性约束与利率［J］．世界经济，2003（1）：61－66.

［67］王建宇，徐会奇．收入不确定性对农民收入的影响研究［J］．当代经济科学，2010（3）：54－60.

［68］汪浩瀚，唐绍祥．中国农村居民预防性储蓄估计及影响因素研究［J］．农业技术经济，2010（1）：42－48．

［69］陈冲．预防性储蓄动机的时序变化及其影响因素差异——基于中国城镇居民不同收入阶层视角［J］．中央财经大学学报，2014（12）：87－94．

［70］李爱梅，凌文辁．心理账户的非替代性及其运算规则［J］．心理科学，2004（4）：952－954．

［71］周国梅，荆其诚．心理学家 Daniel Kahneman 获 2002 年诺贝尔经济学奖［J］．心理科学进展，2003（1）：1－5．

［72］张玲．心理因素如何影响风险决策中的价值运算？——兼谈 Kahneman 的贡献［J］．心理科学进展，2003（3）：274－280．

［73］胡怀国．2002 年度诺奖得主卡尼曼和史密斯及其对心理和实验经济学的贡献［J］．社会科学家，2003（3）：27－33．

［74］李爱梅，凌文辁，方俐洛，肖胜．中国人心理账户的内隐结构［J］．心理学报，2007（4）：706－714．

［75］张安全．中国居民预防性储蓄研究［D］．成都：西南财经大学，2013．

［76］尚昀．预防性储蓄，家庭财富与不同收入阶层的城镇居民消费行为［D］．济南：山东大学，2016．

［77］陈冲．不确定性条件下中国农村居民的消费行为研究［D］．天津：南开大学，2012．

［78］刘建民．中国城乡居民缓冲储备模型的实证分析［D］．天津：天津财经大学，2012．

［79］那艺．行为消费理论的拓展与应用研究——以中国居民消费数据为例［D］．天津：南开大学，2009．

［80］朱信凯．中国农户消费函数研究［D］．武汉：华中农业大学，2003．

［81］陈凯．基于习惯形成和地位寻求的中国居民消费行为研究［D］．太原：山西财经大学，2015．

［82］蒋诗．中国城乡居民消费理性与消费增长路径选择的实证研究［D］．沈阳：辽宁大学，2017．

［83］经济日报社中国经济趋势研究院．中国家庭财富调查报告（2017）［EB/

OL]. http://www.ce.cn/xwzx/gnsz/gdxw/201705/24/t20170524_23147241.shtml.

[84] Keynes J. The General Theory of Employment, Interest, and Money [M]. Harcourtarce, 1936.

[85] Kuznets S. Uses of National Income in Peace and War [M]. National Bureau of Economic Research, 1942.

[86] Duesenberry J S. Income, Saving and the Theory of Consumer Behavior [M]. Cambridge Mass: Harvard University Press, 1949.

[87] Friedman M. A Theory of the Consumption Function [M]. Princeton: Princeton University Press, 1957.

[88] Constantinides G M. Habit Formation: A Resolution of the Equity Premimu Puzzle [J]. The Journal of Political Economy, 1990, 98 (3): 519-543.

[89] Guiso, Luigi Jappelli T, Household Portfolios in Italy [M]. Cambridge MIT Press, 2000.

[90] Hall R. Stochastic Implications of the Life Cycle Permanent Income Hypothesis: Theory and Evidence [J]. The Journal of Political Economy, 1978, 86 (6): 971-987.

[91] Daly V, Hadjimatheou G. Stochastic Implications of the Life Cycle—Permanent Income Hypothesis: Evidence for the U. K. Economy [J]. Journal of Political Economy, 1981, 89 (3): 596-599.

[92] Cuddington J. Canadian Evidence on the Permanent Income—Rational Expectations Hypothesis [J]. Canadian Journal of Economics, 1982, 15 (2): 331-335.

[93] Campbell J, Deaton A. Why is Consumption So Smooth? [J]. Review of Economic Studies, 1989 (56): 357-374.

[94] Leland H E. Saving and Uncertainty: The Precautionary Demand for Saving [J]. Quarterly Journal of Economic, 1968 (8): 465-473.

[95] Skinner J. Risky income, Life Cycle Consumption, and Precautionary Savings [J]. Journal of Monetary Economics, 1988 (22): 237-255.

[96] Caballero R. Consumption Puzzles and Precautionary Savings [J]. Journal of

Monetary Economics, 1990, 25 (1): 113 - 136.

[97] Dardanoni V. Precautionary Savings under Income Uncertainty a Cross—sectional Analysis [J]. Applied Economics, 1991, 23 (1): 153 - 160.

[98] Carroll C. How Does Future Income Affect Current Consumption? [J]. Quarterly Journal of Ecomomics, 1993, 109 (1): 111 - 147.

[99] Carroll C, Samwick A. How Important is Precautionary Saving? [J]. Review of Economics & Statistics, 1998, 80 (3): 410 - 419.

[100] Lyhagen J. The Effect Of Precautionary Saving On Consumption In Sweden [J]. Applied Economics, 2001, 33 (5): 673 - 681.

[101] Zhou Y F. Precautionary Saving and Earnings Uncertainty in Japan: A Household—Level Analysis [J]. Journal of the Japanese & International Economies, 2003, 17 (6) .

[102] Alan S. Precautionary Wealth Accumulation: Evidence from Canadian Microdata [J]. Canadian Journal of Economics, 2006, 36 (4): 1105 - 1124.

[103] Mishra A K, Uematsu H, Rebekah R. Precautionary Wealth and Income Uncertainty: A Household—Level Analysis [J]. Journal of Applied Economics, 2012, 15 (2): 353 - 369.

[104] Vergara M. Precautionary Saving: A Taxonomy of Prudence [J]. Economics Letters, 2017, 150 (1): 18 - 20.

[105] Horag C, Steven L, Nelson C M. Precautionary Saving of Chinese and U. S. Households [J]. Journal of Money, Credit and Banking, 2017, 6 (4): 635 - 661.

[106] Kuehlwein M. A Test for The Presence of Precautionary Saving [J]. Economics Letters, 1991, 37 (2): 471 - 475.

[107] Guiso L, Jappelli T, Terlizzese D. Earnings Uncertainty and Precautionary Saving [J]. Journal of Monetary Economics, 1992, 30 (2): 307 - 337.

[108] Dynan K E. How Prudent Are Consumers? [J]. Journal of Political Economy, 1993, 101 (6): 1104 - 1113.

[109] Starr - Mccluer M. Health Insurance and Precautionary Saving [J]. Ameri-

can Economic Review, 1996, 86 (5): 285 -295.

[110] Lusardi A. Precautionary Saving and Subjective Earnings Variance [J]. Economics Letters, 1997, 57 (3): 319 -326.

[111] Hurst, E, Lusardi A, Kennickell A, et al. The Importance of Business Owners in Assessing The Size of Precautionary Savings [J]. Review of Economics and Statistics, 2010 (92): 61 -69.

[112] Fossen F M, Rostam A, Davud. Precautionary and Entrepreneurial Savings: New Evidence from German Households [J]. Oxford Bulletin of Economics & Statistics, 2013, 75 (4): 528 -555.

[113] Deaton A. Savings and Liquidity Constraints [J]. Econometrica, 1991 (9): 1221 -1248.

[114] Carroll C. The Buffer—Stock Theory of Saving: Some Macroeconomic Evidence [J]. Brookings Papers on Economic Activity, 1992, 23 (2): 61 -156.

[115] Catalina A D, SUSAN P. Precautionary Saving by Young Immigrants and Young Natives [J]. Southern Economic Journal, 2002, 69 (1): 48 -71.

[116] Chamon M, Kai L, Prasad E. Income Uncertainty and Household Savings in China [J]. Journal of Development Economics, 2003, 105 (11): 164 -177.

[117] Jappelli T, Padula M, Pistaferri L. A Direct Test of the Buffer - Stock Model of Saving [J]. Journal of the European Economic Association December, 2008 (6): 1186 -1210.

[118] Naik N Y, Moore M J. Habit Formation and Inter—Temporal Substitution in Individual Food Consumption [J]. Review of Economics and Statistics, 1996, 78 (2): 321 -328.

[119] Heien D, Durham C A. Test of the Habit Formation Hypothesis Using Household Data [J]. Review of Economics and Statistics, 1991, 73 (2): 189 -199.

[120] Campbell J Y, Cochrane J H. By Force of Habit: A Consumption—Based Explanation of Aggregate Stock Market Behavior [J]. Journal of Political Economy, 1999, 107 (2): 205 -251.

[121] Carroll C, Overland J, Weild N W. Saving and Growth With Habit Forma-

tion [J]. American Economic Review, 2000, 90 (3): 341 -355.

[122] Dynan K E. Habit Formation in Consumer Preferences: Evidence from Panel Data [J]. American Economic Review, 2000 (90): 391 -406.

[123] Flavin M. The Adjustment of Consumption to Changing Expectations about Future Income [J]. The Journal of Political Economy, 1981, 89 (5): 974 -1009.

[124] Menegatti M. Consumption and Uncertainty: a Panel Analysis in Italian Regions [J]. Applied Economics Letters, 2007 (14): 39 -42.

[125] Baiardi D, Magnani M, Menegatti M. Precautionary Saving under Many Risks [J]. Journal of Economics, 2014 (113): 211 -228.

[126] Naranjo D V, Gameren E V. Precautionary Savings in Mexico: Evidence from The Mexican Health and Aging Study [J]. Review of Income and Wealth , 2016 (2): 334 -361.

[127] Zeldes S. Consumption and Liquidity Constraints: An Empirical Investigation [J]. Journal of Political Economy, 1989, 97 (2): 305 -346.

[128] Blanchasrd O J, Mankiw N. G. Consumption: Beyond Certainty Equivalence[J]. American Economic Review, 1988, 78 (2) 173 -177.

[129] Kimball M S, Mankiw N. G. Precautionary Saving and the Timing of Taxes [J] . Journal of Political Economy, 1989, 97 (4): 863 -880.

[130] Jappelli T, Pischke J S, Souleles N S. Testing for Liquidity Constraints in Euler Equations with Complementary Data Sources [J] . Review of Economics and Statistics, 1998 (80): 251 -262.

[131] Zhang Y, Wan G H. Liquidity Constraint, Uncertainty and Household Consumption in China [J]. Applied Economics, 2004, 36 (19): 2221 -2229.

[132] Dejuan J P, Seater J J, Wirjanto. Testing the Stochastic Implications of the Permanent Income Hypothesis Using Canadian Provincial Data [J]. Oxford Bulletin of Economics & Statistics, 2010, 72 (1): 89 -108.

[133] Deidda M. Precautionary Saving Under Liquidity Constraints: Evidence from Italy [J]. Empirical Economy, 2014, 46 (4): 329 -360.

[134] Carroll C. Buffer -Stock Saving and the Life Cycle/Permanent Income Hy-

pothesis [J]. The Quarterly Journal of Economics, 1997, 112 (1): 1 -55.

[135] Carroll C, Samwick A. The Nature of Precautionary Wealth [J]. Journal of Monetary Economics, 1997 (40): 41 -71.

[136] Kazarosian M. Precautionary Savings—A Panel Study [J]. Review of Economics & Statistics, 1997 (3): 241 -246.

[137] Chyi Y L, Liu Y L. Income Uncertainty and Wealth Accumulation: How Precautionary are Taiwanese Households? [J]. Asian Economic Journal, 2007, 21 (3): 301 -319.

[138] Kusadokoro M, Maru T, Takashima M. Asset Accumulation in Rural Households during the Post - Showa Depression Reconstruction: A Panel Data Analysis [J]. Asian Economic Journal, 2016 (30): 221 -246.

[139] Strotz R H. Myopia and Inconsistency in Dynamic Utility Maximization [J]. Review of Economic Studies, 1956 (23): 165 -180.

[140] Thaler R. Some Empirical Evidence on Dynamic Inconsistency [J]. Economic Letters, 1981 (8): 201 -207.

[141] Shefrin H M, Thaler R H. The Behavioral Life - Cycle Hypothesis [J]. Economic Inquiry, 1988, 26 (4): 609 -643.

[142] Samuelson. A Note on Measurement of Utility [J]. Review of Economic Studies, 1937 (4): 155 -161.

[143] Chung S , Herrnstein R. Choice and Delay of Reinforcement [J]. Journal of the Experimental Analysis of Behavior, 1967, 10 (1): 67 -74.

[144] Herrnstein R. Relative and Absolute Strength of Response as A Function of Frequency of Reinforcement [J]. Journal of Experimental Analysis of Behavior, 1961 (4): 267 -272.

[145] Prelec D, Loewenstein. Decision Making over Time and under Uncertainty: A Common Approach [J]. Management Science, 1991, 37 (7): 770 -786.

[146] Prelec D. Decreasing Impatience: Definition and Consequences [J]. Harvard Business School Working Paper, 1989.

[147] Tobin. Liquidity Preference as Behavior Towards Risk [J]. Review of Eco-

nomic Studies, 1958 (2): 65 -86.

[148] Sharpe W F. A Simplified Model for Portfolio Analysis [J]. Management Science, 1963 (2): 277 -293.

[149] Samuelson. Paul A. Lifetime Portfolio Selection by Dynamic Stochastic Programming [J]. Review of Economics and Statistics, 1969 (3): 239 -246.

[150] Merton, Robert C. Lifetime Portfolio Selection under Uncertainty: The Continuous—Time Case [J] . Review of Economics and Statistics, 1969 (3): 247 -257.

[151] Rosen, Harvey S, Wu S. Portfolio Choice and Health Status [J]. Journal of Financial Economics, 2004 (2): 457 -484.

[152] Berkowitz M K, Qiu J. Further Look at Household Portfolio Choice and Health Status [J]. Journal of Banking and Finance, 2006 (30): 1201 -1217.

[153] Fan E, Zhao R. Health Status and Portfolio Choice: Causality or Heterogeneity? [J]. Journal of Banking and Finance, 2009 (3): 1079 -1088.

[154] Engelhardt G V. House Prices and Home Owner Saving Behavior [J]. Regional Science & Urban Economics, 1996, 26 (3): 313 -336.

[155] Bonaparte Y, et al. Consumption Smoothing and Portfolio Rebalancing: The Effects of Adjustment Cost [J]. Journal of Monetary Economics, 2012, 59 (8): 751 -768.

[156] Dynan K, Skinner J, Zeldes S P. Do the Rich Save More? [J]. Journal of Political Economy, 2004, 12 (2) : 397 -444.

[157] Browning, Lusardi. Household Saving: Micro Theories and Micro Facts [J]. Journal of Economic Literature, 1996 (12): 1797 -1855.

[158] Fuchs S. Precautionary Savings and Self—Selection Evidence from The German Reunification Experiment [J]. Quarterly Journal of Evonomics, 2005 (4): 1085 -1120.

[159] Skinner J. Risk Income, Lifecycle Consumption, and Pre—Cautionary Savings [J]. Journal of Monetary Economics, 1988 (22): 237 -255.

[160] Thaler R. Towards A Positive Theory of Consumer Choice [J]. Journal of E-

conomic Behavior and organization, 1980 (1): 39 -60.

[161] Tversky A, Kahneman D. The Framing of Decisions and the Psychology of Choice [J]. Science, 1981 (211): 453 -458.

[162] Kahneman D, Tversky A. Choices, Values and Frames [J]. American Psychologist, 1984, 39 (4): 341 -350.

[163] Thaler R. Mental Accounting and Consumer Choice [J]. Marketing Science, 1985, 4 (3): 199 -214.

[164] Shefrin H, Thaler R. The Behavior Life—cycle Hypotheses [J]. Economic Inquiry, 1988, 26 (4): 609 -644.

[165] Sherfin H, Meir S. Behavior Portfolio Theory [J]. Journal of Financial and Quantitative Analysis, 2000 (35): 127 -151.

[166] Carroll C, Christopher D. Theoretical Foundations of Buffer Stock Saving [M]. WorkingPaper, No. 517, John Hopkins University, 2004.

[167] Modigliani F, Brumber R. Utility Analysis and the Consumption Function: An interpretation of Cross—section Data [A]. In: Kurihara K. Post—Keynesian Economics [C] . Rutger University Press: New Brunswick N J, 1954: 388 -436.